SEED

하루

다나카 오사무 지음

박제이 옮김

고작 '한 톨'이 보여주는 작고 단단한 생존의 지혜

다나카 오사무

1947년 일본 교토 출생. 교토대학 농학부 졸업. 동대학원 박사과정 수료. 스미스소니언 연구소(미국) 박사연구 등을 거쳐 현재 고난대학甲南大學 이공학부 교수. 농학박사. 여름방학 NHK라디오 '어린이 과학 전화 상담' 답변자로 활약 중. 직접 쓴 책으로는 『葉っぱのふしぎ이파리의 신비』, 『花のふしぎ100꽃의 신비』〈サイエンス・アイ新書〉, 『都会の花と木도시의 꽃과 나무』, 『雑草のはなし잡초 이야기』, 『ふしぎの植物学신기한 식물학』, 『つぼみたちの生涯봉오리들의 생애』〈中央公論新社〉, 『入門たのしい植物学입문 즐거운 식물학』, 『クイズ植物入門퀴즈 식물 입문』〈講談社〉 등이 있다. 감수한 책으로는 『花と緑のふしぎ꽃과 식물의 신비』〈神戸新聞総合出版センター〉가 있다.

우리는 씨앗의 소중함을 잘 알고 있다. '씨앗'이라는 말이 우리의 생활 속에서 중요한 순간에 다채롭게 쓰이는 이유가 바로 그것이다. 자손을 '씨앗'에 빗대기도 하고, '뿌린 대로 거둔다'든가 '말이 씨가 된다'는 속담을 통해서도 알 수 있다.

이처럼 '씨앗'이라는 개념은 중요하다. 마찬가지로 실제 식물의 씨앗은 우리 삶과 가깝고 소중한 관계를 맺고 있다.

우리는 식물의 씨앗을 먹기도 한다. '식물을 먹는다'고 인식하는 일은 드물지만, 씨앗은 대부분 우리의 중요한 먹거리다. 우리가 주로 섭취하는 씨앗은 쌀, 보리, 옥수수, 콩, 완두콩 등 콩류가 주를 이룬다. 씨앗에는 우리에게 필요한 영양분을 가지고 있지만, 씨앗의 작용방식에 대해 생각할 일은 별로 없다

열매채소나 과일에도 씨앗이 있다. 그중에 가지, 토마토, 오이처럼 무심결에 먹는 것도 있고 수박이나 멜론, 비파처럼 먹는 데 방해되는 것도 있다. 그러나 열매 속의 씨앗이 어떻게 생겨났는지 생각해 본적은 없을 것이다. 게다가 그 열매를 맺으려면 씨앗이 필요하지만 거기까지 생각이 미치지 못한다. 우리는 식물을 키우기 위해 씨앗을 뿌리고 싹이 나오기를 기다린다. 그러나 씨앗 속에서 어떤 일이 일어나는지 생각하지 않는다. 최근에는 모종을 사는 경우가 많아서 발아하는 씨앗의 일까지 주의를 기울이기 어렵다.

그렇기에 씨앗의 영양분이나 존재 의미, 씨앗의 발아 과정에는 관심을 가지지 않는다. 그러나 씨앗은 살아있는 식물과도 같다. 우리와 같은 시스템으로 살며 세대를 이어가기 위해 노력하며 놀라운 지혜도 품고 있다.

발아한 싹은 움직이지 않는다. 움직이지 않고도 살 수 있는 이유는 '때'와 '장소'를 골라 씨앗이 발아하기 때문이다. 만약 씨앗이 '때'와 '장소'를 제대로 고르지 못한다면, 싹을 틔워 보지도 못하고 말라 죽게 된다. 씨앗은 발아할 '때'와 '장소'를 잘 파악하는 기술을 가지고 있다.

풍선덩굴

책에서는 생물로서 씨앗이 살아가는 방식에 초점을 맞췄다. '씨앗이 발아하기 위해 빛은 필요할까?' 하는 소박한 의문부터 생물로서 씨앗에 관한 생각까지 나아가려고 한다.

원고를 읽어 주시고 귀중한 의견을 주신 고베대학 이학부 조교인 시치조 지즈코(七條千津子)박사님, 독립행정법인 농업 · 식품 산업 기술 종합 연구기구 축산초지 연구소의 다카하시 와타루(高橋亘)박사님, 고난 중고등학교 히라타 레이오(平田礼生) 선생님에게 진심으로 감사드린다.

다나카 오사무

목차

3장 씨앗의 영양

4장 씨앗의 광감각

7장 씨앗의 신비 Q&A

제1장

발아의 조건

씨앗은 섣불리 발아하지 않는다.
발아하고도 계속 살아갈 수 있을지 파악한 후에
비로소 씨앗은 발아한다.
씨앗은 살아남기 위해 다양한 감각을 지니고 있다.
1장에서는 그러한 감각을 소개하려 한다.

초등학교에서 배우는 '발아의 세 가지 조건'

씨앗이 싹 틔우려면 '세 가지 조건'이 필요하다. 첫 번째는 '적절한 온도'다. 식물 씨앗을 한겨울의 추위 속에 계속 두었다고 가정해 보자. 그 씨앗은 절대 발아하지 않을 것이다. 냉장고처럼 낮은 온도에서도 예외는 아니다. 씨앗은 대부분 따뜻한 환경에서 싹을 틔우기 때문이다. 가령, 봄 날씨나 실내처럼 포근한 온도에서 말이다.

두 번째 조건은 '충분한 물'이다. 건조한 씨앗은 발아하지 않는다. 적절한 수분을 공급해야만 씨앗이 싹을 틔우는데 이러한 점으로 미루어 볼 때, 씨앗이 흡수하는 물이 발아의 필수 조건이라는 사실을 알 수 있다.

그렇다면, 세 번째 조건은 무엇일까? 그것은 바로 공기다. 의식하지 않아도 충족되기 때문에 그냥 잊거나 지나치기 쉽지만 공기가 없으면 씨앗은 발아하지 않는다.

씨앗이 발아할 때는 공기가 많이 필요하다. 조금 더 정확히 말하면 공기 속에 포함된 산소가 필요하다. 그래서 발아의 조건을 표기할 때 '공기(산소)'라고 쓰기도 한다.

공기가 발아에 필요한 요소임을 증명하려면 공기가 없는 조건에서는 싹이 트지 않음을 증명해야 한다. 물속에 씨앗을 넣고 호흡하지 못하면 발아가 일어나지 않는다는 것을 보여주거나, 진공상태에서 씨앗이 발아하지 않는다는 것을 실험을 통해 증명해야 한다. 씨앗이 발아하지 않는다는 것을 실험을 통해 증명해야 한다. 하지만 그런 시도는 굳이 하지 않으므로 공기는 발아의 조건 중에서 간과하기 쉽다. 그래서 '발아의 세 가지 조건을 답하시오'라는 문제를 내면 대부분 '공기(산소)'를 생각하지 못한다. 온도와 물

다음으로 많이 생각하는 것은 '빛'이다. 하지만 발아의 세 가지 조건에 빛은 들어가지 않는다. 발아의 세 가지 조건이란 '적절한 온도, 물, 공기(산소)'다.

2 발아에 '빛'은 필요 없는가?

발아의 세 가지 조건에 없다고 빛이 정말 필요 없는 존재일까? 일본의 초등학생들은 과학 시간, '씨의 발아' 단원에서 이것에 대해 배운다. 그때 다음과 같은 실험을 다룬다.

조건이 같은 두 그릇에 물에 적신 탈지면을 깔고 강낭콩 씨를 뿌린다. 씨앗은 공기와 통하는 상태로 두고 약 20℃의 온도를 유지한다. 이 실험에서는 '적절한 온도, 물, 공기(산소)'라는 '발아의 세 가지 조건'을 만족한다.

두 개의 그릇 중 하나는 밝은 곳에 둔다. 다른 그릇은 캄캄한 상자 안에 넣어 빛이 차단된 상태로 만든다. 여기까지 준비하면 '그릇에 뿌린 씨앗은 모두 발아할까?'라는 질문이 나온다. 두 개의 그릇에 놓인 씨앗의 조건 중에서 다른 점은 빛의 유무뿐이다. 그러므로 이 질문은 씨앗이 발아하기 위해 빛이 필요한지를 묻는 것이다.

실제로 이 실험을 해보면 밝은 곳의 씨앗도, 캄캄한 상자 속에 있던 씨앗도 발아한다. 그러므로 정답은 '빛의 유무와 상관없이 씨앗은 발아한다'가 된다.

다음으로 '결과를 통해 무엇을 알 수 있습니까?'라는 질문이 나온다. 빛의 유무와 상관없이 씨앗은 발아했으므로 '씨앗은 빛이 없어도 발아한다'는 사실을 알 수 있다. 실험을 통해 발아의 세 가지 조건에 빛이 들어가지 않는 것을 알 수 있다.

발아에 빛은 필요한가?

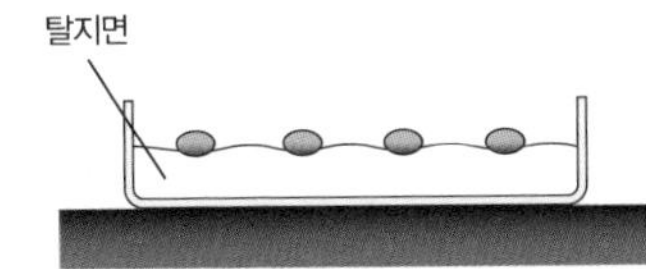

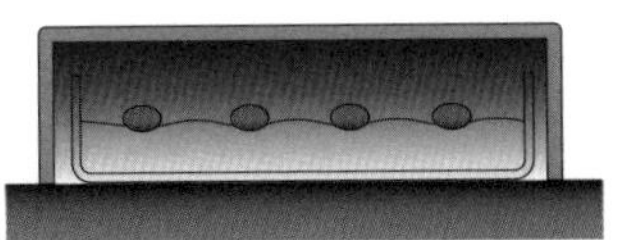

두 개의 같은 그릇에 물에 적신 탈지면을 깔고 강낭콩 씨를 뿌렸다.
온도는 20℃로 맞췄다. 한쪽 그릇에는 빛을 비추고,
다른 한쪽은 어두운 상자 안에 넣었다.

문제1 **실험 결과는 어떻게 되나요?**
문제2 **실험 결과에서 무엇을 알 수 있나요?**

이 실험에서
'발아에 빛은 필요없다'는
사실을 알 수 있어

문제1의 답 **둘 다 발아한다**
문제2의 답 **씨앗은 빛이 없어도 발아한다**

3 세 가지 조건으로 발아는 일어날까?

일본의 고등학교 생물 교과서에는 양상추와 질경이 씨앗을 이용한 실험이 등장한다.

페트리 접시 두 개를 준비한다. 물에 적신 탈지면이나 휴지를 깔고 똑같은 개수의 씨앗을 뿌린 후 뚜껑을 덮는다. 한쪽 페트리 접시는 캄캄한 상태에 두고 다른 쪽은 빛이 드는 장소에 둔다. 온도는 양쪽 모두 약 25℃를 유지하고 발아의 세 가지 조건을 충족시킨다. 씨앗을 뿌린 두 개의 접시는 햇빛을 제외하고 똑같은 상태로 만든다. 며칠 후, 햇빛을 받은 접시는 발아하지만 다른 쪽 접시는 발아되지 않았다.

빛의 유무 외에는 동일한 조건에서 이뤄진 실험을 통해 빛은 발아에 필요하다는 것을 알 수 있다.

앞선 두 실험은 우리에게 의문을 가지게 한다. 발아에 빛은 필요한 것일까? 이 의문의 답은 식물에 따라서 달라진다. 종류에 따라 씨앗이 발아하는데 있어 빛의 필요 유무가 결정되기 때문이다.

발아에 빛이 필요하지 않은 식물이 있기에, 발아의 세 가지 조건 속에 빛은 들어가지 않는다. 그러나 발아의 조건에 포함되는 '적절한 온도, 물, 공기(산소)'는 모든 씨앗의 발아에 필요하다.

질경이의 발아에 빛은 필요할까?

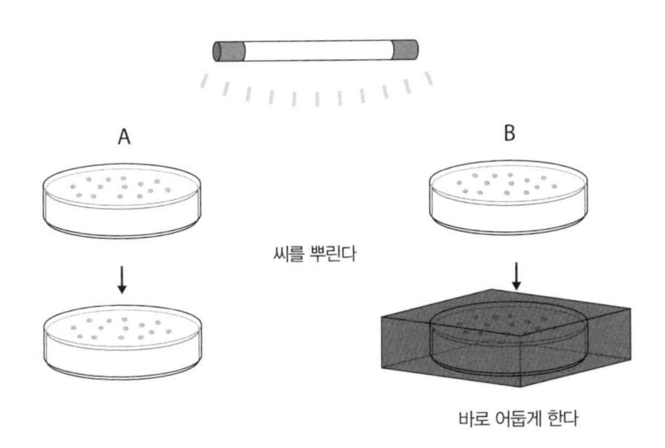

30개를 뿌렸을 때

	발아 종자 수(개)
A씨앗	30
B씨앗	0

이 실험을 통해
질경이의 발아에는
'빛이 필요하다'고 할 수 있어

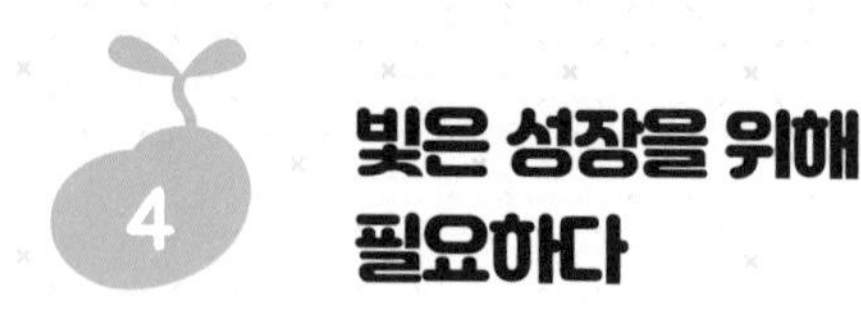

4 빛은 성장을 위해 필요하다

생명을 유지하고 성장하기 위해서는 어떤 생물이든 에너지가 필요하다. 동물은 에너지를 얻기 위해 먹이를 먹고 마찬가지로 식물도 성장하기 위한 에너지가 필요하다. 그러나 보통 식물이 먹이를 먹는 모습을 볼 수는 없다. 식물은 태양광을 이용해 잎으로 포도당과 전분을 만든다. 이때 뿌리의 역할은 물과 공기 중의 이산화탄소를 빨아들여 재료로 삼는 것이다. 이런 작용을 광합성이라고 한다.

광합성으로 만들어지는 포도당이나 전분은 생명을 유지하고 성장하기 위한 에너지의 원천이 된다. 식물은 스스로 물질을 만들기 때문에 우리처럼 먹이를 먹을 필요가 없다.

광합성에는 빛이 필요하다. 빛이 들지 않는 장소에서 '씨앗이 발아한다면'이라고 생각해 보자.

발아한 싹은 얼마간 씨앗 안에 저장되어 있던 양분에 의존하여 성장할 수 있다. 하지만, 그 후에는 광합성을 해서 스스로 포도당과 전분을 만들어야만 한다. 발아한 싹은 빛이 없다고 빛이 드는 곳으로, 이동할 수 없다. 빛이 드는 곳으로 싹이 가지 못했다면 광합성을 못한 싹은 스스로 영양분을 만들어내지 못한다. 결국 싹은 말라버릴 것이다. 그러므로 씨앗은 빛이 드는 곳에서 발아해야 한다.

자연에서 세 가지 조건을 제외해도 발아 뒤에 스스로 성장할 수 있는지를 가늠해야 한다. 적어도 빛이 드는지 아닌지를 스스로 가늠해야 하는 것이다.

포도당과 전분의 구조

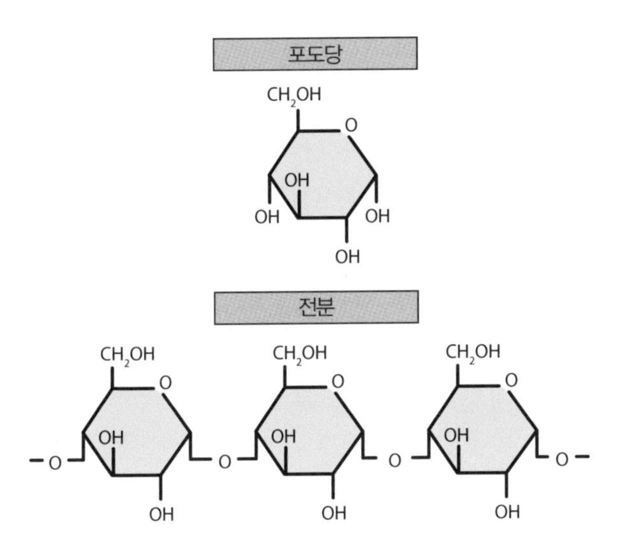
포도당
CH_2OH
O
OH
OH
OH
OH
전분
CH_2OH
O
OH
OH
O
OH

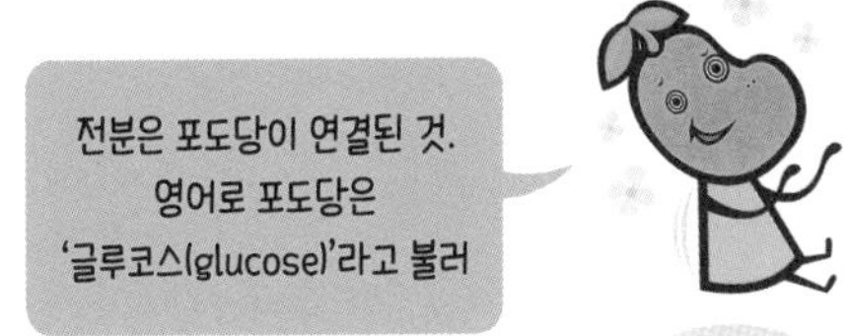
전분은 포도당이 연결된 것.
영어로 포도당은
'글루코스(glucose)'라고 불러

5

씨앗은 대부분 빛이 필요하다

'빛이 없는 곳에서 씨앗이 발아하면 싹은 살 수 없다'를 두고 몇몇의 연구자들은 씨앗이 발아하는 데 있어 빛의 효용성을 궁금해했다. 그리고 실제로 이를 조사하기에 이르렀다.

1907년, 킨젤은 독일 내에 자생하는 965종류의 씨앗을 이용해 씨앗이 발아하는 데 빛이 필요한지를 실험했다. 그리고 965종 중에서 35종의 씨앗이 빛의 영향을 받지 않고 발아하지만 672종의 씨앗은 빛이 없으면 발아하지 않았다는 조사 결과를 발표했다.

또한 그가 실험한 식물에서 '965종 중에서 258종의 씨앗이 빛을 받으면 발아가 억제된다'는 결론이 나왔다. 다만, 강한 빛이나 장시간 빛을 받으면서 발아가 억제되는 것으로 암흑에서 더 쉽게 발아하는 성질이 유발된 것이다. 따라서 적절한 강도의 빛을 받으면 발아가 촉진되는 식물이 많았다.

일본의 조사 결과에도 '116종류의 식물 중 62%의 씨앗이 발아를 위해 빛이 필요하다'는 결과나 '145종의 식물 중 55종의 씨앗이 발아에 빛이 필요하다'는 결과가 있다.

식물 대부분은 자연에서 스스로 살아가야 한다. 따라서 발아할 때 필요한 세 가지 조건 외에도 발아 후에 성장할 수 있는 빛이 있는지를 가늠하고 발아한다. 많은 씨앗이 살아남기 위해서 조심스러운 성질을 가지고 있다.

발아할 때 빛이 필요한 식물은 달맞이꽃, 차조기, 파드득나물, 양상추, 질경이 등이 있다. 이런 식물의 씨앗은 발아할 때 빛이 필요하기에 광발아 종자[1]라고 한다. 반대로 빛이 닿으면 발아가 억제되는 씨앗을 암발아 종자[2]라고 한다. 호박이나 맨드라미, 토마토 등이 대표적이다.

킨젤의 조사 결과

광발아 종자 : 672종

암발아 종자 : 258종

빛의 영향을 받지 않는 종자 : 35종

합계 : 965종

광발아종자와 암발아종자의 종류

광발아 종자	달맞이꽃, 차조기, 파드득나물, 양상추, 질경이, 담배 등
암발아 종자	호박, 맨드라미, 토마토, 오이, 시클라멘, 광대나물 등

1) 싹이 트는 과정에서 빛이 필요한 종자

2) 빛이 있는 경우 오히려 싹이 트는 것이 억제되는 종자

6 휴면하는 씨앗

대두나 강낭콩, 무순 등 인간이 재배하는 식물의 씨앗은 발아하고 빛의 유무를 걱정할 필요 없다.

왜냐하면 발아하고 나서 빛이 필요할 때 인간이 빛을 비춰주기 때문이다. 따라서 발아의 세 가지 조건이 충족되면 언제든 발아하면 그만이다.

하지만 자연에서 자생하는 식물은 '발아의 세 가지 조건'이 충족해도 섣불리 발아할 수는 없다.

만약 자연에 있는 씨앗이 빛이 차단된 장소에서 발아하면 싹은 말라버린다. 그러나 발아하지 않은 상태라면, 어려운 환경을 견디며 계속 살아갈 수 있다. 그래서 발아해도 살아갈 수 없는 환경에 있다면 발아하지 않는 편이 씨앗에겐 더욱 좋다. 성장에 유리한 조건이 될 때까지 발아할 기회를 노리며 씨앗인 채로 기다리는 편이 나은 것이다.

따라서 빛이 필요한 씨앗은 빛이 비치지 않는 암흑 속에선 발아의 세 가지 조건이 주어져도 발아하지 않는다. 능력이 있는데도 조건이 충족되지 않기에 발아의 세 가지 조건을 부여해도 발아하지 않는 씨앗의 상태를 휴면[3]이라고 부른다.

휴면의 원인은 빛의 조건뿐만 아니라 다양하다. 가령, 발아에 적절한 온도가 주어지기 전에 낮은 온도에 노출되는 것이 조건인 씨앗이 있다고 치자. 씨앗은 저온에 노출되지 않으면 발아의 세 가지 조건이 충족되도 휴면 상태에선 발아가 일어나지 않는다. 이 성질에 대해서는 26쪽에서 소개하겠다.

---

3) 동식물이 생활 기능을 활발히 하지 않거나 발육을 정지하는 일

숙주는 '허약함'의 상징일까?

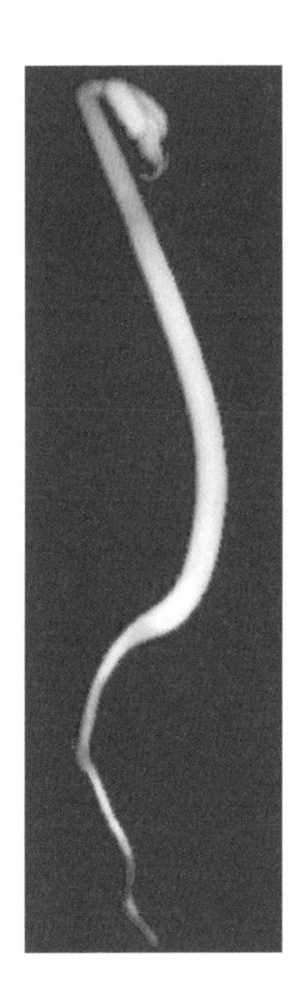

일본에서는
허약한 사람을 빗대어
숙주 같다고 하지만
사실 숙주는 허약하지 않아!
빛을 좇아 열심히 키를 늘리는
늠름한 모습이라고!

7 씨앗은 빛을 느낄까?

빛이 없으면 발아하지 않는 씨앗은 많다. 그들은 빛을 받으면 발아한다. 이 말은 씨앗이 빛을 식별한다는 뜻이다. 그러므로 '씨앗은 빛을 느낀다'고 할 수 있다. 그러나 사람들 대부분은 이 사실을 쉽게 믿지 못한다.

씨앗이 아니라 '잎이 빛을 느낀다'고 하면 대부분은 수긍할 것이다. 태양광을 받는 잎은 초록색으로 빛난다는 인식이 있기 때문이다. 또한 식물은 볕 좋은 곳에서 건강하게 자라고 볕이 약한 곳에서는 시드는 것을 알고 있기 때문이다.

씨앗이 빛을 느낀다는 사실을 좀처럼 믿지 못하는 사람도 인정할 수 있는 실험이 있다. 우선 땅속 깊이 있던 흙을 꺼내, 물을 주고 볕을 쪼이면 수많은 종류의 씨앗이 발아한다. 굳이 흙을 파내는 것이 번거롭다면 밭이나 들판의 흙을 갈아엎는 것만으로도 충분하다. 채 며칠도 안 지나 수많은 잡초 씨앗이 발아할 것이다. '이렇게 많은 씨앗이 대체 어디서 날아왔지?' 하고 어안이 벙벙할 정도로 수많은 종류의 잡초가 싹을 틔운다.

실험으로 발아한 씨앗은 다른 데서 날아온 것이 아니다. 파묻혀 있던 것이다. 땅속에서는 빛이 닿지 않아서 발아가 안된 거다. 흙을 파면 땅속 깊은 곳에 묻혀 있던 씨앗이 땅 표면 가까이 옮겨진다. 그렇게 빛과 만난 씨앗은 발아하는 것이다.

씨앗은 땅속 깊은 곳에서 여전히 빛을 만나 발아할 기회를 기다리고 있다.

땅속에서 잠드는 씨앗

8 잡초를 퇴치하는 비법은?

잡초는 뽑아도 금세 자라난다. 우리는 밭이나 화단에 되도록 잡초가 자라지 않기를 바란다. 보통 잡초가 자라지 않게 하려면 '흙을 정성스럽게 갈고 뽑은 잡초를 뿌리째 버리면 된다'고 생각한다.

일본에는 '뿌리를 뽑는다'는 표현이 있다. 그래서인지 뿌리째 버리는 방법이 좋은 것처럼 느껴진다.

하지만 좋은 방법이 아니다. 들이나 밭, 화단의 땅속에는 빛이 들지 않아서 발아하지 않은 씨앗이 있다. 발아에 빛을 필요로 하지 않는 잡초의 씨앗이 발아하지 않고 빛이 비치기만을 기다리고 있는 것이다.

땅을 파헤치면 잡초를 뿌리째 없앨 수 있다. 동시에 빛을 받을 일 없었던 씨앗에 빛이 닿게 된다. 그때 잡초 씨앗은 기뻐하며 발아한다. 땅을 갈아엎지 않아도 잡초를 뽑는다면 흙이 묻은 뿌리의 씨앗은 싹을 틔운다.

잡초를 퇴치하는 비법은 씨앗을 발아시키지 않는 것이다. 그러려면 씨앗에 빛을 비추지 않는 것이 중요하다. 즉 잡초가 나기를 원하지 않는 밭이나 화단에 빛을 비추지 않는 것이다.

여기서 '멀칭'[4]방법이 있다. 이 방법은 땅의 온도를 유지하는 목적으로도 사용되지만, 지표면에 있는 씨앗에 햇볕이 닿지 않게 하는 효과도 있다.

밭이나 화단이 아니라 길에 잡초가 나지 않게 하려면 조약돌을 빈틈없이 까는 것이 효과적이다. 집 마당 통로에 잡초가 자라서 잡초 제거에 힘이 든다면 그 통로에 조약돌을 깔면 잡초를 상당히 줄일 수 있을 것이다.

---

4) 농작물이 자라고 있는 땅을 짚이나 비닐 따위로 덮는 일

농업용 검정 비닐로 흙을 덮어서 얻는 효과

- 지면의 온도를 높게 유지한다
- 잡초 씨앗에 빛을 주지 않는다
- 발아한 잡초 싹에 빛을 차단하고 성장을 막는다
- 건조하지 않게 막는다
- 흙이 튀어 잎에 묻는 것을 방지하기에 병에 잘 걸리지 않는 효과가 있다

9

발아에 대한 온도의 영향

봄이 되면 수많은 잡초 씨앗이 발아한다. 겨울 동안 잡초라고는 보이지 않던 땅에도 수많은 싹이 돋아난다.

씨앗은 겨울에도 같은 곳에 있다. 그런데도 발아하지 않은 이유는 발아의 세 가지 조건 중 하나인 '적절한 온도'가 충족되지 않아서다. 즉, 발아에 적절하지 않은 낮은 온도를 떠올리면 이 현상을 쉽게 이해할 수 있다.

봄이 되면 대부분의 씨앗은 발아한다. 그래서 따뜻해지면 씨앗이 발아한다는 인상을 받는다. 따뜻해졌기에 씨앗이 발아한 것은 사실이다. 그러나 씨앗이 봄에 발아하기 위해 견딘 노고가 빠져 있어서 그 답은 왠지 아쉽다.

봄의 따뜻함으로 발아하는 거라면 열매를 맺은 겨울에 곧바로 발아해도 이상하지 않다. 봄과 가을의 온도는 비슷하니까. 하지만 가을에 발아하는 씨앗은 곧 다가오는 겨울의 추위 때문에 성장할 수 없다. 그렇기에 씨앗은 겨울이 지나간 후가 아니라면 발아하지 않는다.

겨울이 지나가고 봄이 올 때까지 씨앗은 추위를 느낀다. 봄에 발아하는 씨앗은 흙 속에서 추위를 느낀다. 추위를 견디며 발아할 계절이 찾아오기를 잠자코 기다리는 것이다. 씨앗에는 싹을 틔우기 위해 견뎌야 할 고충이 있다.

발아 저온이 필요한 식물

발아하기 위해 겨울의 추위에 1~3개월간 노출되어야 하는 씨앗이 있다.

복숭아, 사과, 앵초, 꽃산딸나무, 메귀리, 설탕단풍나무 등

겨울의 추위란 몇도 정도?
섭씨 5도의 온도가
가장 좋아

씨는 섣불리 발아하지 않는다

식물은 돌아다닐 수 없는 게 아니라 돌아다닐 필요가 없다. 왜냐하면 식물이 다양한 기능을 지니고 있으니까. 하지만 만약 씨앗이 발아할 '때'와 '장소'를 그르친다면 갓 발아한 싹은 충분히 기능하지 못한 채 말라죽는다.

식물이 돌아다니지 않고도 살 수 있는 이유는 식물의 기능을 충분히 발휘할 수 있는 '때'와 '장소'를 씨앗이 골라서 발아하기 때문이다.

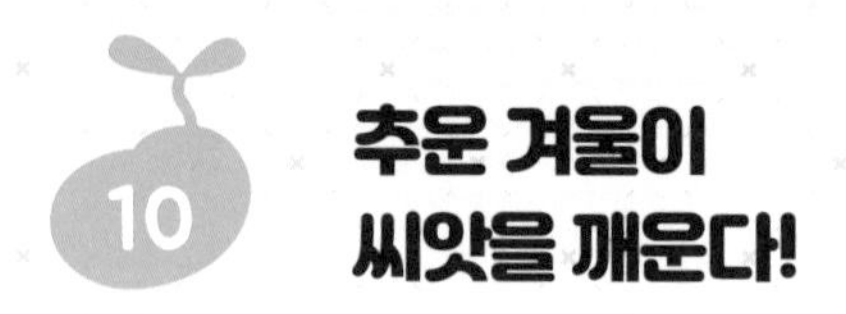

10 추운 겨울이 씨앗을 깨운다!

앞에서 '봄에 발아하는 씨앗은 겨울 추위를 체감한 후에 발아한다'는 사실을 소개했다. 그러나 한편으로 '봄에 발아하는 씨앗은 정말로 겨울의 추위를 느끼고 발아하는 걸까?'라는 의문이 들 수도 있다.

이 의문을 해소하려면 가을에 맺힌 씨앗을 채취한 후 뿌려보면 알 수 있다. '적절한 온도, 물, 공기(산소)'라는 발아의 세 가지 조건을 마련한 후, 페트리 접시에 물에 적신 휴지를 깔고 그 위에 씨앗을 뿌린다. 페트리 접시를 따뜻한 실내에 두어도 씨앗은 발아하지 않는다.

실험을 위해 또 하나의 조건이 같은 페트리 접시를 준비한 후 얼마간 냉장고에 넣어둔다. 그리고 발아할 수 있는 일반 실온으로 되돌리면 발아가 일어난다. 냉장고에 넣어두는 기간이 길면 길수록 발아율은 높아진다. 냉장고에 넣어서 겨울의 추위를 느끼게 한 후에 따뜻한 곳에서 씨앗이 발아하는 것이다. 이는 '겨울 추위를 느끼고 발아한다'는 사실을 보여준다.

가을에 맺히는 씨앗은 겉보기에는 완전해도 발아할 능력이 없다. 겨울 추위를 체험해야 비로소 발아하도록 프로그램화되어 있는 것이다. 그러므로 겨울 자연 속에서는 씨앗은 추위에 그저 견디고만 있는 것은 아니다.

추위를 견딤으로써 겨울이 지나가는 것을 체감하며 싹 틔울 준비를 한다. 씨앗이 발아하기 위해 기다리는 것은 '봄의 따스함'이라기보다는 '겨울의 추위'라 할 수 있다.

가을의 불순한 따뜻함 때문에 무심결에 발아하면 겨울에 말라버리기 십상이다. 씨앗은 그런 '어리석음'을 피해 발아하기 위한 '때'를 아는 기술을 지니고 있다.

이는 발아의 세 가지 조건 이외에 '겨울 추위를 체감한다'는 조건이 필요한 예다. 겨울 추위가 주어지지 않은 씨앗은 휴면 상태인 것이다. 18쪽에서 소개한 예시다.

겨울에 맺힌 씨앗은 명아주, 강아지풀, 돼지풀, 등 잡초의 씨앗이나 물푸레나무, 단풍나무, 백합나무, 호두나무, 사과나무, 복숭아나무 등이 있는데 이들의 저온을 감수해야만 발아하는 성질은, 씨앗이 자연에서 겨울을 견디는 데 도움이 된다. 발아하면 겨울의 추위를 피해 이동할 수 없는 식물이 다음 세대로 생명을 이어가기 위한 기술을 보여준다.

저온의 사과 씨앗의 발아

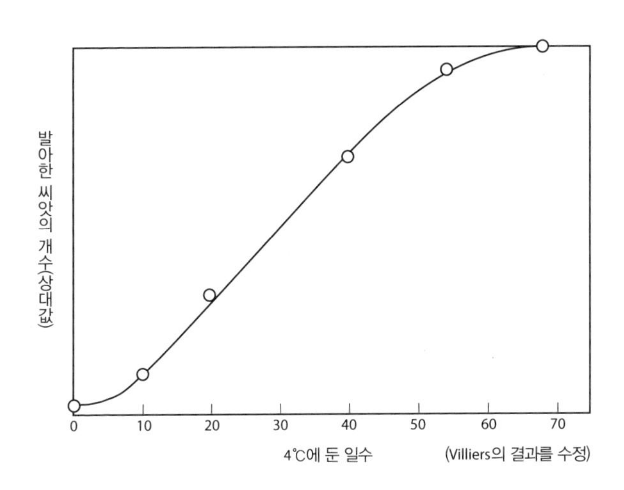

11 추위 속 씨앗에게 일어나는 일은?

우리 몸속에서는 여러 가지 호르몬이 일하고 있다. 성장을 촉진하는 성장 호르몬, 혈액 속의 당의 농도를 낮추는 인슐린, 반대로 혈당을 높이는 아드레날린이나 글루카곤 등이다.

호르몬은 특정한 조직이나 기관에서 만들어진 후 체내를 돌아다니며 다른 장소에서 지극히 미량으로 작용을 일으키는 물질을 모두 말한다. 우리 몸은 이들 호르몬에 의해 정상 상태를 유지하고, 성장하도록 조절된다.

식물에도 식물 호르몬이라 불리는 물질이 있다. 옥신, 지베렐린, 에틸렌, 아브시스산, 시토키닌 등이다. 이 중에서 아브시스산과 지베렐린은 발아에 깊이 관여한다. 아브시스산은 발아를 저해하고 지베렐린은 발아를 촉진한다.

씨앗은 겨울의 추위에 깨고 따스함에 반응하여 발아가 일어난다. 가을에는 따스함을 주어도 발아가 일어나지 않는데, 겨울의 추위를 체감한 후에는 따스함에 반응하여 발아가 일어나는 것이다. 즉 겨울의 저온을 느끼고 씨앗 속에서 무슨 일이 일어난다는 이야기다. 대체 무슨 일이 일어나는 것일까?

추위가 오기 전 발아하지 않는 씨앗 안에는 발아를 저해하는 물질인 아브시스산이 많이 포함된 것으로 알려져 있다. 그리고 저온을 받으면 이 물질의 함량이 저하된다. 추위를 느낌으로써 아브시스산이 분해되는 것이다.

한편 겨울철 저온을 받은 후에는 씨앗 안에 지베렐린이라는 물질의 양이 증가한다. 이는 발아를 촉진하는 물질이다. 그러므로 '저온을 받음으로써 발아를 저해하는 물질이 분해되고 그 후에 발아를 촉진하는 물질이 합성되어 발아가 일어나는' 것이다.

지베렐린과 아브시스산이 양상추 발아에 미치는 효과

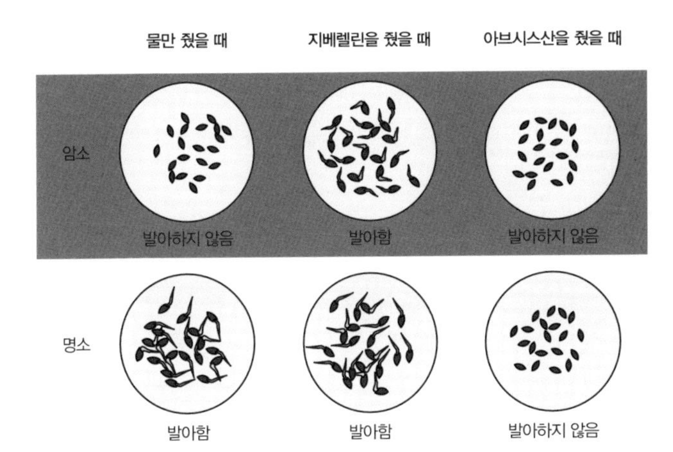

지베렐린은
발아를 촉진하고
아브시스산은
발아를 저해해요

12 온도 변화에 발아하는 씨앗

씨앗은 자신이 어디에 있는지 빛의 유무를 느낌으로써 알 수 있다.(20쪽 참조) 또한 자신이 어떤 장소에 있는지를 아는 것은 발아하고 살아가기 위해 필요한 일이다. 다른 방식으로 자신의 위치를 아는 기술을 익힌 식물을 소개하겠다.

보통 우리가 실험에 사용하는 식물 씨앗을 발아시키기 위해서는, 실험실에 물과 공기(산소)를 주고 하루 24시간 줄곧 약 20℃에서 25℃의 따스함을 유지한다. 대부분 식물 씨앗은 이러한 조건이라면 발아한다. 이때, 붉은 명아주와 흰 명아주라는 잡초의 씨앗이 발아하는 실험을 해보자. 온종일 따듯한 온도에서 물과 공기(산소)를 주고 변하지 않는 조건에서는 씨앗이 발아하지 않는다.

반면에 온도가 변하는 조건에서는 씨앗이 발아한다. 실험을 통해 알 수 있는 사실은 붉은 명아주와 흰 명아주의 씨앗은 발아에 적절한 따듯한 온도가 유지되는 것보다 매일 변화하는 온도를 가진 곳에서 발아하는 성질이 있다는 점이다

이 신기한 성질은 붉은 명아주와 흰 명아주에게 어떤 의미가 있을까? 이런 성질이 어떤 도움이 될까? 다음 장에서 살펴보자.

흰 명아주와 붉은 명아주

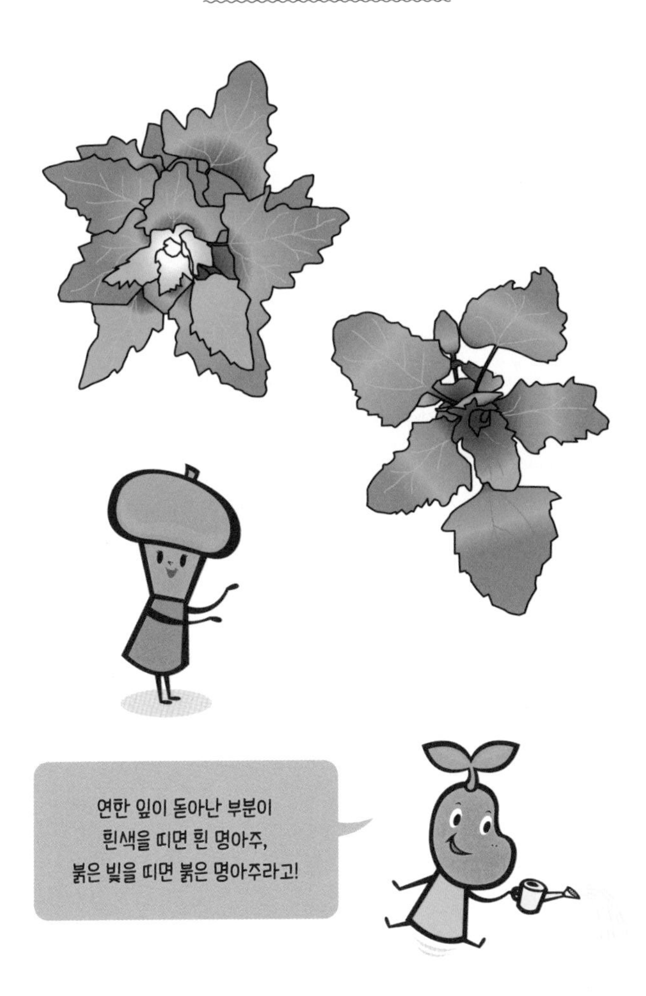

연한 잎이 돋아난 부분이
흰색을 띠면 흰 명아주,
붉은 빛을 띠면 붉은 명아주라고!

13 땅속 깊이를 아는 씨앗

붉은 명아주와 흰 명아주의 씨앗은 '낮에는 따뜻하고 밤에는 추운' 온도 변화를 느낀다. 낮의 따뜻함은 발아에 적절한 온도로서 필요하다. 그러나 왜 밤에 해당하는 시간에 낮은 온도여야 할까?

'낮에는 따뜻하고 밤에는 춥다'는 것은 대기의 온도 변화지만 지표면의 온도도 마찬가지로 변한다. 낮에는 햇빛으로 지표면이 데워지고 밤에는 식는다. 그래서 지표면에서는 하루 사이에 온도가 심하게 변한다. 그러나 지표면에서 땅속 깊이 들어갈수록 낮에는 따듯하고 밤에는 추운 온도 변화가 작아진다. 특히 밤의 추위는 땅속에서는 약해진다.

그래서 '따뜻한 온도가 변하지 않는다'는 것은 씨앗에 있어서는 '땅속 깊이 심겨 있다'는 뜻이 된다. 반대로 '온도가 변하는 것을 느끼는' 것은 씨앗에는 '내가 지표면에서 얕은 곳에 있다'는 것을 뜻한다.

지표면으로부터 얕은 곳에서는 싹이 트고도 자신의 영양분으로 지상으로 나갈 수 있다. 반면 온도 변화가 심하지 않은 깊은 곳에 있으면 발아한 싹은 살 수 없다. 왜냐하면 작은 씨앗 속에 저장하고 있는 양분으로는 발아한 싹이 빛이 닿는 지표면까지 뻗을 수 없기 때문이다.

결국, 발아를 위해 온도 변화를 느낄 필요가 있다는 것은 '땅속 깊이 묻혀 버리면 발아하지 않는다'는 것이다. 그러므로 '발아에 온도 변화가 필요하다'는 것은 씨앗이 '나는 싹을 틔우면 광합성을 해서 살아갈 지표면에 가까운 곳에 있어'라는 자기 '장소'를 확인하는 기술인 것이다.

붉은 명아주와 흰 명아주를 비롯해, 참소리쟁이, 강아지풀 등의 잡초는 그 기술을 열매에 지니고 있다.

땅속 깊이 묻힌 씨앗

하루 종일 온도가
변하지 않는다는 건
어떤 거야?

지표면에서는 낮에는 온도가 높고
밤에는 온도가 낮아지지.
땅속 깊이 들어가면 갈수록
온도는 변하지 않는다.
그러니 하루 종일 온도가
변하지 않는다는 건
땅속 깊이 묻혀 있다는 말이야

COLUMN

썩은 흙에서 풀은 돋아날까?

잡초는 씨앗을 뿌리지 않아도 이곳저곳에서 마음대로 자라난다. 그런 모습을 보면 마음속 깊이 '잡초는 씨앗을 뿌리지 않아도 어디서든 자라나는가' 하는 의문이 생긴다.

'풀은 썩은 흙에서도 자라난다'고 생각했던 시절의 사람들은 생물이 어디에서 태어나는지에 대한 호기심을 가지고 있었다. 그리고 예상치도 못한 곳에서 태어나는 생물을 보는 경험을 통해 탄생에 대해 흥미로운 생각을 했다.

'누더기에 밀가루를 묻혀 내버려 두면 쥐가 태어난다'든가 '나뭇잎과 나무껍질을 섞어 두면 벌레가 생긴다', '썩은 잎에 비가 오면 버섯이 생긴다' 등으로 알려진 말들이 그 시절 사람들이 생물의 탄생을 생각하는 마음이었을 것이다.

또한 '음식 찌꺼기에서 구더기가 끓는다'든가 '땀과 먼지가 섞인 불결한 머리에는 이가 끓는다'라고도 했다. '끓는다'는 말이 쓰이는 이유는 마치 그곳에서 들끓는 것 같다는 마음이 담겨 있다.

따라서 그런 시대에는 '썩은 흙에서 풀이 돋아난다'고 생각했던 것이다. 그러나 쥐가 누더기와 밀가루에서 태어나거나 알도 없는데 구더기나 이가 갑자기 솟아나지는 않듯이, 썩은 흙에서 씨앗도 없는데 풀이 돋아나지는 않는다.

제2장

씨앗의 역할

식물은 다음 세대로 생명을 이어가기 위해 씨앗을 만든다.
씨앗은 소중한 사명을 다하기 위한
탁월한 지혜와 궁리를 갖추고 있다.
2장에서는 씨앗의 지혜와 궁리를 맛보기로 하자.
그리고 그것들을 떠받치는 구조를 알아보자.

씨앗의 역할 : 불리한 환경에서 견디기

씨앗은 자연에서 발아하고 살아남아 다음 세대로 생명을 이어가는 중요한 역할이다. 그래서 씨앗은 발아하는 데 신중하다.

씨앗의 중요한 역할 중 하나는 식물로서 견디기 힘든 불리한 환경을 견더내는 것이다. 따라서, 식물은 불리한 환경에 대비하여 씨앗을 만든다. 식물에 있어서 반드시 만나는 불리한 환경이란, 해마다 찾아오는 겨울의 추위나 여름의 더위와 같은 계절이다.

동물은 겨울과 여름을 견디기 위해서 지내기 쉬운 장소를 찾아 이동한다. 철새의 이동이나 물고기의 회유 등이 그 예다. 가령 백조는 겨울에 추위가 혹독한 시베리아에서 일본으로 간다. 방어는 여름에 홋카이도 인근까지 갔다가 겨울에는 남하한다.

그러나 식물은 덥거나 추워도 이동하지 않는다. 대신 추위에 약한 식물은 겨울의 추위를 견디기 위해 가을의 꽃을 피워 씨앗을 만든다. 잎과 줄기는 말라도 겨우내 씨앗의 모습으로 견딘다.

반면에 더위에 약한 식물이 마르는 것을 우리는 신경 쓰지 않는다. 왜냐하면 여름에는 대부분의 식물이 건강하게 자라고 있어서 말라가는 식물은 눈에 띄지 않기 때문이다. 그러나 여름 더위에 약한 식물은 많다. 별꽃, 유채꽃, 광대나물, 큰개불알풀, 자주광대나물 등이 그 예다.

더위, 추위에 약한 식물들

더위에 약한 식물들

별꽃, 유채꽃, 광대나물,
큰개불알풀, 자주광대나물,
카네이션 등

추위에 약한 식물들

나팔꽃, 국화, 코스모스,
차조기, 달리아, 고구마,
고추 등

더위에 약한 식물은 봄에 꽃을 피우는데, 봄에 곧 더 더워질 걸 알고 있는 거야?

밤의 길이가 점점 짧아지니까 알 수 있어

2 '오가 연꽃'과 '고대 목련'

씨앗이 불리한 환경에 견디고 살아남는다는 것을 상징하는 한 예가 오가 연꽃 씨앗이다. 1951년, 지바현 게미강(検見川) 야요이 시대 유적에서 세 알의 연꽃 씨앗이 발굴되었다. 그중 하나의 싹이 성장하여 꽃을 피웠다.

이 연꽃은 그것을 재배한 오가 이치로 박사의 이름을 따 '오가 연꽃'이라는 이름을 붙이고 1954년에 지바현의 천연기념물로 지정되었다.

오가 연꽃은 야요이 시대부터 약 2000년 동안 유적 속에서 끈기 있게 살아남은 씨앗에서 탄생한 연꽃이다. 그 후 연꽃 재배가 일본 전국으로 퍼졌다. 지금은 수많은 재배지의 연꽃이 '오가 연꽃'이라 나서는 통에 어느 것이 진짜인지 판별할 수 없는 사태까지 일어나고 있다.

고대 목련이라고 불리는 목련이 있다. 영국의 데이비드 아텐버러가 쓴 『식물의 사생활』에는 이 목련에 관해 수많은 일본인조차 모를 법한 일본에서 일어난 일에 대해 소개하고 있다.

이 책에 따르면 1982년에 야오이 시대의 유적이 발굴되면서 미상의 씨앗 한 알이 발견됐다. 씨앗은 발아하고, 약 11년 후에 봉오리가 생기더니 꽃이 피는데 그 꽃이 목련이었다. 약 2000년 동안 유적 속에서 잠들었기에 '고대 목련'이라는 이름이 붙었다. 현재의 목련은 꽃잎이 여섯 장이지만 고대 목련은 꽃잎이 여덟 장이었다고 한다.

책에는 고대 목련의 사진이 실려 있다. 나는 이 책에서 처음 고대 목련에 대해 알게 되었다. '어느 유적에서 출토되었는가' 혹은 '고대 목련은 현재 어디서 자라나고 있는가' 등을 알고 싶어서 찾아다녔지만 자세히 아는 사람을 만나지는 못했다.

일본에서 발견된 꽃임에도 불구하고 알려진 것이 거의 없다. 하지만 약 2000년이라는 세월을 유적 속에 잠들어 있다가 발아한 씨앗이 오가 연꽃 이외에도 있었다.

지바현(千葉県)의 천연기념물인 오가 연꽃과 씨앗

1951년, 오가 이치로(大賀一郎) 박사 등이 야요이 시대의 유적에서 씨앗을 발굴했다. 씨앗은 발아하고 연꽃을 피웠는데 박사의 이름을 따 '오가 연꽃'이라고 이름 붙였다. 1954년에는 지바현의 천연기념물로 지정되었다.

(제공 : 지바시 도시국 공원녹지부 중앙 · 이나게(稲毛) 공원 녹지 사무소)

3 유적에서 출토된 씨앗

오가 연꽃이나 고대 목련처럼 약 2000년도 전의 씨앗이 발아한다는 것은 극단적인 예일 수 있다. 하지만 '유적에서 출토된 수백 년 전의 씨앗이 발아했다'는 이야기는 이따금 언론에 보도된다.

가령 1991년 도치기현(栃木県) 아시카가시(足利市)에 있는 호카이지(法界寺)의 절터에서 약 600년 전 무로마치 시대의 가시나무 씨앗이 출토되었다. 가시나무는 너도밤나무과의 상록수로, '도토리'가 맺히는 떡갈나무의 일종이다. 발굴된 후 이 열매 속에 있는 씨앗은 발아하여 성장하기 시작했다. 이 씨앗은 약 600년 동안 발아의 기회를 줄곧 기다리고 있었던 셈이다.

1997년 봄에는 교토부 우지시에 있는 평등원 봉황당 의 정원을 발굴하는 과정에서 역시 무로마치 시대의 동백 씨앗이 발견되었다. 씨앗은 일반적인 보존법에 따라 물이 약간 들어간 비닐 팩에 담겨 수납되었는데 석 달 후 발아한 것이다. 우지시 식물 공원에서 이 싹을 길렀고, 2003년 봄에 처음으로 크고 새빨간 꽃이 폈다. 그 후로도 매년 꽃을 피우고 있어 '무로마치 동백' 이라고 불리고 있다.

이를 통해 '씨앗은 발아하지 않으면 불리한 환경을 견디고 긴 수명을 유지한다는 것'을 알 수 있다. 이렇듯 화제가 될 정도로 오래 수명을 유지하는 것은 특별한 사례일지도 모른다.

하지만 대개 씨앗은 악조건을 견디는 것이 아니라 발아가 가능한 조건이 될 때까지 기다린다. 씨앗은 발아할 수 있는 기회를 기다리는 성질을 가지고 있기 때문이다. 씨앗이 만들어질 수 있는 이유도 이 때문이다.

무로마치 동백

(제공 : 우지시 식물공원)

1997년, 10엔짜리 동전 디자인에 사용되는 평등원(平等院) 봉황당(鳳凰堂) (교토부 우지시) 정원 발굴 조사에서 무로마치 시대의 동백 씨앗이 발견되었다. 씨앗은 발아했고 싹이 우지시 식물공원에서 키웠는데 2003년 봄에 커다랗고 새빨간 꽃을 피워 '무로마치 동백'이라 명명되었다.

유적에서 출토된 씨앗은 불리한
환경을 견디고 긴 수명을
유지한다는 걸 보여주고 있어

3000년 이상이나 잠들어 있던 투탕카멘의 완두콩

유적에서 씨앗이 발굴되는 것은 세계적으로 화제가 된다. 2009년에는 '터키의 한 유적에서 씨앗 세 알이 발굴되었는데 그중 한 알이 발아했다'고 보도되었다.

씨앗이 발견된 지층은 약 4000년 전의 것으로 추정된다. 이 씨앗은 약 4000년이나 살아남은 셈이다. 이것이 어떤 식물의 씨앗인지는 아직 판명되지 않았기에 앞으로가 기대된다.

1922년, 3000년 전 이집트 왕인 '투탕카멘'의 묘가 영국 고고학자 하워드 카터에 의해 발굴되었다. 투탕카멘이 애용한 의복이나 장신구, 집기에 섞인 채 부장품 속에서 완두콩이 발견되었다. 왕의 무덤에서 완두콩이 발견된 것이 눈길을 끌었지만 고대 이집트에선 망자의 관에 음식을 넣어주는 풍습이 있었다고 한다. 당시 사람들이 완두콩도 먹었다는 사실을 알 수 있는 것이다.

발굴된 완두콩 씨앗을 뿌리자 발아하고 자라서 꽃을 피우더니 콩이 열렸다. 이 씨앗은 투탕카멘이 왕이었던 기원전 14세기부터 3000년 넘게 불리한 환경을 견뎌온 것이다.

일본도 1956년부터 완두콩을 들여와 재배하기 시작했다. 완두콩의 꽃 색깔은 붉은 포도주 빛이며 콩깍지의 색은 보라색이다. 열린 완두콩은 보통 완두콩과 다르지 않은 연두색이다. 콩밥을 지었을 때도 갓 지은 밥은 평범한 완두콩밥과 차이가 없다. 하지만 보온해 두면 서서히 붉은빛을 띠다가 팥찰밥처럼 된다.

투탕카멘의 완두콩

1922년, 이집트의 왕 '투탕카멘'의 묘가 발굴되었다. 이때 투탕카멘이 애용했던 의복, 장신구, 집기 등에 섞여 부장품 속에서 완두콩이 발견되었다. 이 완두콩 씨앗을 뿌리자 발아하고 자라서 꽃을 피우더니 콩이 열렸다.

열매 맺은 씨앗

시판되는 씨앗

갓 지었을 때

보온했을 때 (제공 : 야마토 농원)

'투탕카멘의 완두콩이 투탕카멘의 묘에서 나왔다는 것은 의심스럽다' 는 설도 있다.

5 씨앗의 역할 : 자손 번식

대부분의 식물은 씨앗을 만들고 씨앗으로 증식한다. 그러나 만들어지는 씨앗의 수는 적지 않다. 씨앗의 가치 중에 큰 부분이 종족과 자손을 늘리는 것이다.

실제로 한 그루에 수만 개의 씨앗을 만든다고 알려진 식물은 많다. 식물의 씨앗 생산 능력은 상상을 초월한다. 특히 잡초는 씨앗을 많이 만든다.

명아주 등의 잡초는 한 그루가 20~25만 개의 씨앗을 만든다. 왕바랭이는 한 그루가 약 15만 개, 쇠비름은 한 그루가 약 24만 개의 씨앗을 만든다고 한다. 조건이 좋은 곳에서 자란 양미역취는 한 그루가 5~50만 개의 씨앗을 만든다고 한다. 자력으로 자연에서 살아가야 하는 '잡초'라 불리는 식물들은 '모든 씨앗이 무사히 발아하여 성장할 수 있다'고는 생각하지 않는다. '씨앗을 많이 만들지 않으면 다음 세대로 생명을 이어갈 수 없다'고 걱정해서 씨앗을 많이 만들어내는 것이다.

재배되는 식물과 잡초의 가장 큰 차이는 성장 후의 크기다. 일반적으로 식물은 재배하고 나서 그루의 크기가 거의 같다. 한 그루당 씨앗의 개수도 비슷하기에 평균적인 수치를 낼 수 있다.

그러나 잡초의 크기는 자란 장소에 따라 달라진다. 조건이 열악한 곳에서 자란 그루는 크기가 작고, 토양이 기름진 곳에서 자란 그루는 크다. 이처럼 성장 상태에 따라 꽃의 개수가 달라지므로 한 그루당 만들어지는 씨앗의 개수도 달라진다. 따라서 잡초가 만드는 씨앗의 총수는 어떤 환경에서 어떻게 자랐느냐에 따라 상당히 차이가 난다.

다만 잡초든 재배 식물이든 한 개의 꽃이 만드는 씨앗의 개수, 크기, 무게에는 차이가 없다. 같은 종류의 식물은 아무리 크더라도 꽃의 크기나 열매 한 개 안에 있는 씨앗 개수와 크기, 무게는 그다지 차이가 없다.

하이포니카

쓰쿠바 과학 박람회에서 인기를 끈, 한 그루에 1만 2000개의 열매가 열리는 토마토 그루는 커다란 나무처럼 자란다. 그런 토마토 그루에 피는 꽃의 크기와 맺히는 열매는, 밭에서 일반적으로 큰 토마토의 열매와 거의 크기가 같다.

(제공 : 교와주식회사)

그루가 커져도 꽃의 크기,
씨앗의 무기와 크기는 같네요

6 수많은 씨앗을 어떻게 세는 걸까

씨앗을 만드는 식물의 예시를 든다면 한 그루에 20~25만 개의 씨앗을 만드는 명아주, 한 그루에서 15만 개의 씨앗을 만드는 왕바랭이, 한 그루에서 24만 개의 씨앗을 만드는 쇠비름, 5~50만개의 씨앗이 달리는 양미역취 등이 있다. 그리고 대부분 씨앗의 크기가 작다. 따라서 씨앗의 개수를 일일이 세는 것은 쉬운 일이 아니다.

물론 인력과 시간을 들여서 한 알씩 세면 정확한 개수가 나올 것이다. 하지만 잡초의 씨앗 개수를 그렇게까지 정확하게 구해야 하는 경우는 거의 없다.

일반적으로는 씨앗을 100개 혹은 1000개를 정확히 센 후 모아서 무게를 잰다. 무게를 재기 위해서 극히 미량의 무게도 정확히 재는 전자저울과 같은 기구를 이용한다.

무게를 알게 되면 한 그루에 생기는 모든 씨앗을 모아서 무게를 잰다. 이 무게가 100알 혹은 1000알의 몇 배가 되는지를 산출한 후 비례 계산으로 한 그루에 생긴 대략적인 개수를 구할 수 있다.

이 방법을 쓸 수 있는 이유는 씨앗 한 개의 무게가 거의 일정하기 때문이다. 씨앗 하나의 무게는 같은 종류의 식물이라면 그루가 달라도 거의 달라지지 않는다. 심지어 같은 그루에 생기는 모든 씨앗 한 알의 무게는 거의 같다. 그러므로 무게를 잼으로써 씨앗의 개수를 대략 알 수 있는 것이다.

무게로 씨앗의 개수 세기

0.0000그램까지 표시하는 전자저울

씨앗 10개의 무게는 0.0154그램

키위 1개에 들어 있던
모든 씨앗의 무게는 0.9644그램

이것은 10개분의 몇 배인가?

0.9644÷0.0154 = 62.62

따라서, 키위 1개에 들어 있던 개수는 626개

7 민들레 씨앗은 봄부터 가을까지 몇 배 늘어나는가?

잡초는 수많은 개수의 씨앗을 만들지만 그 사실을 쉽게 알아차리기는 어렵다. 나는 유럽이 원산지인 서양민들레를 햇볕이 잘 드는 창가에 두고 기른 적이 있다. 3개월 정도 시간이 지나자 잎이 방사형으로 퍼진 그루 중앙에 꽃봉오리가 맺혔다. 이윽고 선명한 황금색을 띠는 훌륭한 꽃이 피었다. 화분에 밝은 황금색 꽃이 나란히 피어 있는 모습은 무척이나 사랑스러웠다.

씨앗이 발아한 후 약 3개월 동안 자라면 꽃이 피기 시작한다. 꽃 한 송이가 피면 약 200개의 홀씨가 둥글둥글하게 모여 있다. 홀씨 한 개를 떼어 내면 아랫부분에 길이 5mm, 두께 2mm 정도의 열매 속에 씨앗 하나가 들어 있다. 이처럼 한 송이의 꽃이 피면 약 200개의 씨앗이 생겨난다. 한 그루에는 적어도 다섯 송이의 꽃이 핀다. 꽃 다섯 송이가 피면 한 그루에서 약 1000개의 씨앗을 만드는 셈이다. 1000개의 씨앗이라 해 봤자 그리 많지 않다는 인상을 받는다. 하지만 그렇지 않다. 서양민들레의 씨앗은 금세 발아하여 싹트고 다시 자라 꽃을 피운다.

처음 씨앗 한 알이 3개월 동안 1000개로 늘고, 이 1000개의 씨앗이 발아하고 자라서 꽃을 피우면 각각 3개월 동안 1000개의 씨앗을 만들어낸다. 결국 처음 씨앗 한 알이 6개월 만에 100만 개의 씨앗이 되는 것이다. 이것이 서양민들레가 씨앗을 만드는 힘이다. 실제로는 한 그루에 다섯 송이 이상의 꽃이 피므로 더욱 많은 씨앗이 생긴다. 다만 자연에서는 맺힌 모든 씨앗이 발아하여 꽃을 피울 정도로 성장하지는 않을 것이다. 그래도 서양민들레는 대단히 왕성한 씨앗 생산력을 가지고 있다.

민들레의 씨앗이 늘어나는 방법

한개의 동그란 구형 솜털에는 약 200개의 씨앗이 있다. 한개의 씨앗을 재배하면 3개월 만에 꽃이 핀다. 꽃이 피면 한그루에 다섯 개 정도는 핀다. 그러므로 3개월 만에 한개가 1000개로 늘어난다. 이 1000개를 3개월 동안 재배하면 각각 1000개씩 늘어난다. 그러므로 봄부터 가을까지 6개월 동안 한개가 100만 개로 늘어난다.

8 재배 식물의 씨앗 개수는?

잡초와 마찬가지로 재배 식물도 수많은 씨앗을 남기는 것들이 있다. 씨앗을 많이 만드는 친근한 채소, 과일, 화초 등을 소개하겠다.

채소 중에서는 호박, 피망, 가지 등이 씨앗을 많이 만든다. 열매 한 개에 호박은 약 300개, 피망은 약 250개의 씨앗이 생긴다. 가지에는 약 1000개의 씨앗이 포함되어 있다. 먹음직스러운 구운 옥수수에 한 개에 포함된 씨앗 개수를 세어본 적이 있다. 보통 크기였는데 624개의 알이 빼곡히 들어차 있었다.

과일 중에서는 키위, 머스크멜론, 수박, 딸기 등이 눈에 띄게 씨앗이 많다. 품종에 따라서도 다르지만, 키위는 작은 것은 약 700개, 큰 것은 100개가 넘는 씨앗을 품고 있다. 머스크멜론은 500~750개, 수박은 약 300~600개, 딸기도 300개다.

이는 열매 한 개에 들어 있는 씨앗의 개수다. 한 그루에는 열매가 여러 개 열린다. 이를 통해 씨앗 한 알이 만들어내는 씨앗의 개수가 엄청난 수라는 것을 알 수 있다.

과일나무는 계속해서 몇 년이고 씨앗을 만들어낸다. 그중에서도 매해 열리는 열매의 개수가 다른 감나무를 예시로 들자면 감나무는 올해 약 300개의 열매가 맺혀도 내년에는 약 100개만 맺힐 수 있다. 1년 평균을 200개로 잡아도 하나의 열매 속에는 적어도 3~5개의 씨앗이 있다. 그러니 감나무는 1년 동안 600~1000개의 씨앗을 만드는 셈이다. 해마다 계속 열매를 맺으므로 10년, 20년이 되면 그 생애에서는 한 그루 나무에서 엄청난 수의 씨앗이 만들어지게 된다.

화초도 씨앗을 많이 남긴다. 가령 만발하는 시기가 지난 커다란 해바라기 꽃 가운데에는 수많은 씨앗이 빽빽하게 들어차 있다. 세어보면 천 개가 넘는 것도 드물지 않다.

강한 태양열로부터 씨앗을 보호하는 과일

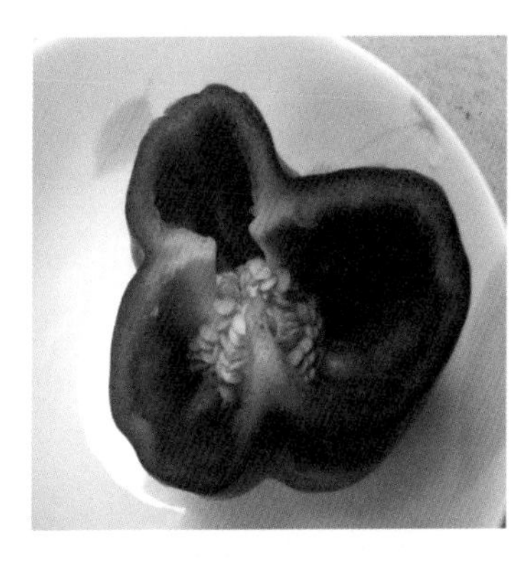

피망은 씨앗을 강한 태양열로부터 지키기 위해 열매껍질(과피)로 빛을 막아 씨앗에 더위가 전달되지 않도록 한다. 더욱이 열매 안에 공기를 넣어 텅 비우기 때문에 공기가 열을 막아주고 외부의 열이 씨앗까지 닿기 어렵다. 공냉식이라 할 수 있다.

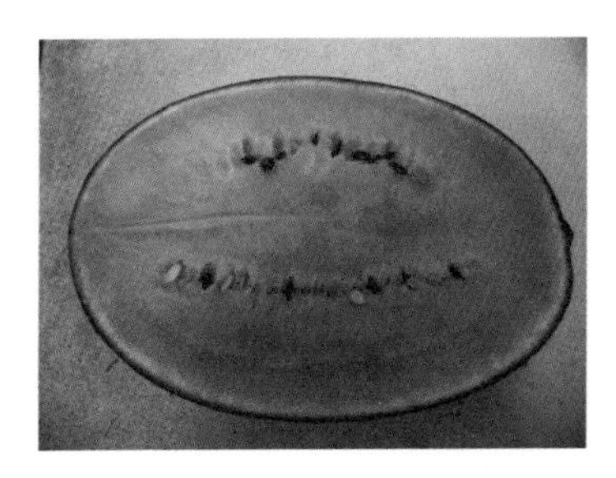

수박은 열매 속에 수분이 가득하다. 물은 데우기 어렵다. 수박은 열매껍질로 빛을 막고 열매 속에 있는 수분을 이용해 강한 태양열이 씨앗에 직접 전달되지 않도록 한다. 이른바 수냉식이다.

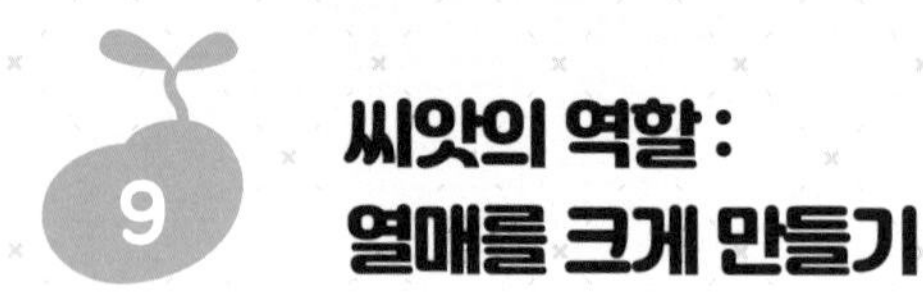

9 씨앗의 역할 : 열매를 크게 만들기

씨앗은 그 식물종이 지구상에서 존속하기 위해 중요한 사명을 띤다. 식물이 씨앗을 만든 이유를 생각하면 충분히 이해할 수 있다.

씨앗의 역할 중 하나는 식물이 서식지를 이동하여 서식 지역을 넓히는 것이다. 씨앗은 발아하면 그 장소에서 이동하지 않는다. 식물이 이동할 수 있는 생애 유일한 기회가 바로, 씨앗일 때이다.

그러므로 민들레 씨앗은 솜털처럼 날고 단풍 씨앗은 프로펠러처럼 바람을 타고 난다. 동물의 몸이나 옷에 달라붙어 멀리 가려는 씨앗도 있다. 도꼬마리, 쇠무릎, 도둑놈의갈고리 등이다. 어린 시절 봉선화의 잘 익은 열매를 만져본 기억이 있는 사람은 알 수 있을 것이다. 봉선화의 잘 익은 열매는 가볍게 닿기만 해도 빵 터져서 씨앗이 힘차게 튀어나온다.

봉선화의 영문명은 'touch-me-not'으로 '나를 만지지 마'라는 뜻이다. '스스로 날아갈 때까지 기다려!'라는 뜻일까? 또한 이 식물의 속명은 'Impatiens'로 '더는 참을 수 없는'이라는 뜻이 들어 있다. 이러한 이름을 보면 자연스레 '왜 이런 이름이 붙었을까?'라고 흥미가 생기는 동시에 저절로 터져서 '더는 참을 수 없어'하며 씨앗이 흩날리는 모습이 그려진다.

괭이밥이라는 잡초는 길가나 돌담, 집 마당 한구석 등 곳곳에서 자라며 하트 모양을 가진 작은 세 장의 잎이 이 식물의 특징이다. 앞에서 뻗어져 나온 꽃줄기에 작고 노란 꽃이 여러 개 모여서 봄부터 가을까지 핀다. 꽃이 지고 나서는 작은 원기둥 모양의 끝이 뾰족한 꼬투리 같은 열매가 열리는데, 그 안에 수많은 씨앗이 생긴다.

꼬투리는 익으면 저절로 터진다. 하지만 익은 꼬투리는 접촉이라는 자극에 민감하다. 손으로 만진 꼬투리는 순식간에 터지고 씨앗이 힘차게 튀어나온다. 씨앗을 여기저기에 퍼뜨림으로써 서식 범위를 넓히는 것이다.

괭이밥 씨앗을 날리는 꼬투리

익은 꼬투리가 터지면서 씨앗이 흩날린다.

10 씨앗을 분출하는 스쿼팅 오이 (squirting cucumber)

스쿼팅 오이는 지중해 연안이 원산지인 오이과 식물이다. 일본에서는 식물원에서도 드물게나 볼 수 있는 식물이다. 꽃은 수꽃, 암꽃이 나뉘어 피며 암꽃에는 열매가 맺힌다.

스쿼팅 오이의 열매는 길이가 7cm 정도의 긴 타원형으로 오이라는 이름이 무색하게 작은 편이다. 열매가 익어서 노란빛을 띠면 대포에서 대포알을 쏘듯, 열매에서 씨앗이 분출된다. 그래서 일본에서는 '대포 오이'라고 부른다.

스쿼팅 오이는 열매가 터질 때까지는 곧게 늘어진 채로 매달려 있다. 점점 익어서 액체가 가득 차면 열매와 대가 분리되고, 분리된 부분에 작은 구멍이 생긴다. 그 순간, 구멍에서 액체가 힘차게 분출된다. 그때 씨앗도 함께 분사된다. 중요한 것은 분출되는 각도다. 만약 열매가 매달린 그대로 떨어진다면 분출된 액체는 그 위로만 분출된다. 이런 식이라면 씨앗은 먼 곳까지 날아갈 수 없다. 그렇게 되지 않도록 씨앗을 분사하는 열매는 약 45도로 기울어진 채 액체를 분출한다. 따라서 씨앗 또한 구멍에서 비스듬히 분출되므로 가능한 먼 곳까지 닿을 수 있게 된다.

덕분에 씨앗은 12m 이상 날아갈 수 있다. '45도로 비스듬히 분출하면 먼 곳으로 날릴 수 있다'는 사실을 열매 스스로 어떻게 알았는지는 모른다. 무척 신기할 따름이다.

스쿼팅 오이

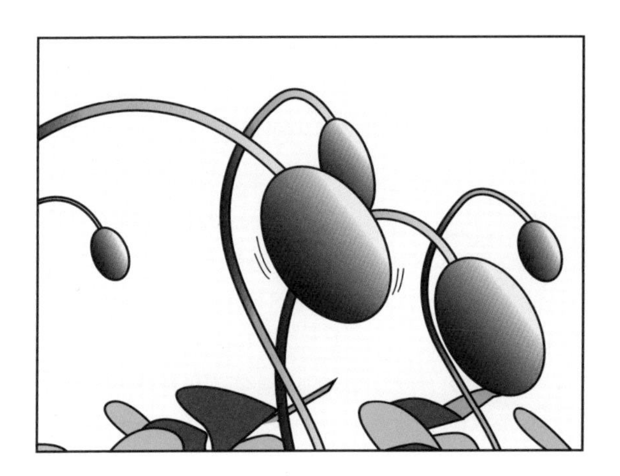

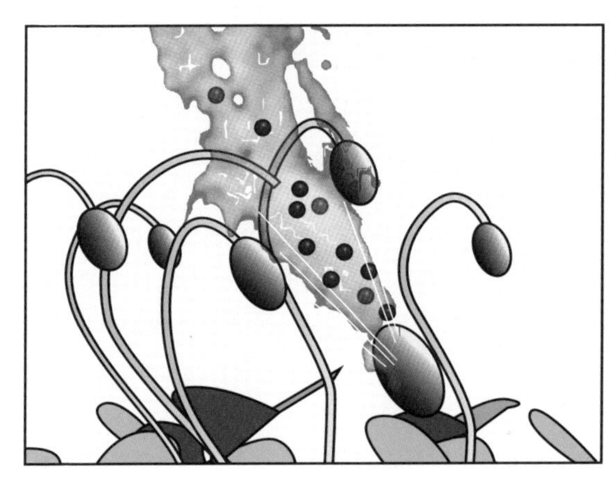

열매가 떨어질 때 액체가 분출되는 동시에 씨앗이 분사된다.

11 서식 범위를 넓히기 위해 이동하는 씨앗

씨앗이 날아가거나 이동하는 것은 식물이 살아가는 데 있어서 의미가 크다. 만약 날아가지 않는다면 같은 장소에 많은 씨앗이 떨어지고 일제히 같은 장소에서 발아할 것이다. 그러면 씨앗은 성장하기 위해 서로 경쟁할 수밖에 없다. 결과적으로 자랄 수 있었을 수많은 싹이 경쟁의 희생양이 되어 살아갈 수 없게 된다. 각각의 씨앗이 날아가면 다른 장소에서 살아갈 기회가 많아진다.

때론 씨앗이 날다가 위험한 환경에 노출될 수도 있다. 하지만 날아가는 것은 식물에 있어서는 새로운 서식지를 찾아 떠나는 여행인 셈이다. 씨앗이 날아가거나 붙어서만 이동하는 것은 아니다. 동물에게 열매를 먹힘으로써 서식 범위를 넓히는 식물도 있다. 동물이 열매를 먹으면 속에 있는 씨앗을 똥과 함께 떨어진 곳에 배설해 준다. 혹은 정신없이 먹어치우는 과정에서 씨앗을 어딘가에 떨어뜨려 줄 수도 있다. 어느 쪽이든 동물이 열매를 먹으면 식물은 씨앗의 서식 범위를 넓힐 수 있다. 이는 스스로 돌아다닐 수 없는 식물에는, 삶의 터전을 옮기거나 넓히는 데 매우 중요한 일이다.

그뿐만 아니라 같은 장소에서 동일한 종의 식물이 자라나는 것은 식물에게 위험하다. 치명적인 병원균이나 해충이 모여들기 쉽기 때문이다. 또한 해마다 같은 양분을 흡수하므로 그 종류의 식물에 필요한 특정한 양분이 줄어든다. 또 식물이 뿌리에서 불필요한 성분을 배설하는 일도 있는데, 그것이 축적되면 성장에 해를 끼친다.

그러므로 식물에게 삶의 터전을 옮기는 일은 중요하다. 따라서 각각의 식물은 다양한 궁리를 하는 것이다.

여러 종류의 도토리

일본어로 도토리를 '団栗'라고 하는데, '団'이 둥글다는 의미이므로 풀이하자면 '둥근 밥'이라는 뜻이다. 이름 그대로 데굴데굴 굴러다닌다. 이는 씨앗을 퍼뜨리는 방법 중 하나다.

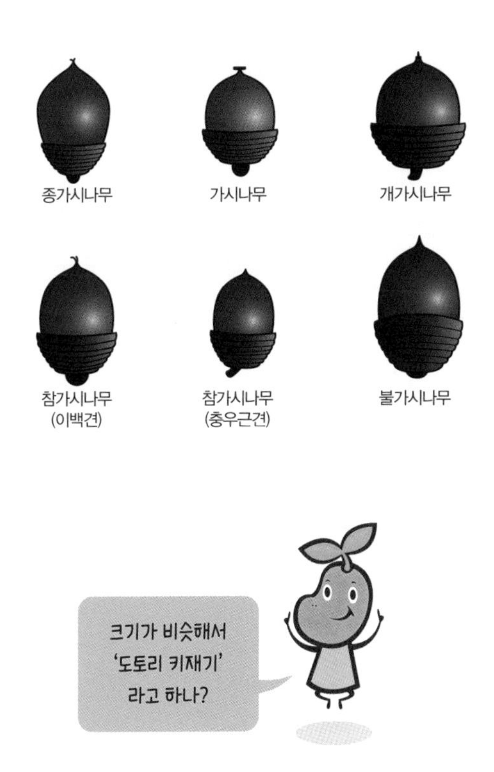

12 제비꽃의 작전

제비꽃은 봄을 대표하는 풀꽃 중 하나로, 3월부터 5월에 걸쳐 잎사귀 사이로 꽃줄기를 내어 한 줄기에 한 개씩 귀여운 꽃을 피워낸다. 짙은 보라색이 인상적이다.

봄이 끝나 초여름을 지나도 봉오리는 생기지만 꽃을 피우지 않는 것을 폐쇄화라고 부른다. 폐쇄화는 봉오리인 채로 자신의 암술과 수술로 수분, 수정하여 씨앗을 만든다. 확실히 자손을 남기기 위한 특별한 꽃인 셈이다. 일반적인 꽃은 화분을 운반하기 위해 맛있는 꿀이나 좋은 향기로 벌과 나비를 유인하지만 폐쇄화는 그런 준비가 불필요하다. '이렇게 좋은 방법이 있으면 항상 이렇게 확실히 만들면 될 텐데' 하는 생각마저 들게 한다.

그러나 씨앗의 중요한 역할 중 하나는 다양한 성질을 가진 다양한 자손을 만드는 일이다. 그러기 위해 식물은 암술과 수술로 성을 분화한다. 암술은 다른 그루의 꽃가루를 묻히고 수술은 꽃가루를 다른 그루에 피는 꽃의 암술에 묻혀서 씨앗을 만들려고 한다.

제비꽃은 폐쇄화와는 달리 벌과 나비를 유인하는 예쁜 꽃을 피운다. 이 꽃은 일반적으로 피고, 피어난 꽃에는 다른 그루의 꽃가루가 붙어서 다양한 성질을 지닌 씨앗이 생긴다. 만약 이 꽃에 다른 그루의 꽃가루가 묻지 않아 씨앗이 생기지 않았을 때, 폐쇄화는 확실히 자손을 남기기 위한 보험이 된다.

식물의 씨앗에는 또 하나의 살아가는 지혜가 깃들어 있다. 씨앗 표면에 개미가 즐겨 먹는 달콤한 물질이 묻어 있는 것이다. 이 물질을 '유질체'라고 부른다. 개미는 유질체를 좋아해서 씨앗을 통째로 집에 가져간다. 유질체를 먹은 개미는 먹고 남은 씨앗을 집 주변에 버리는데 남은 씨앗은 그곳에서 발아한다. 유질체가 묻은 씨앗을 만드는 것은 개미를 이용해 씨앗을 넓은 범위로 이동시키려는 제비꽃의 작전이다. 광대나물, 괭이밥, 자주광대나물 등의 씨앗도 같은 작전으로 서식지를 이동하여 서식 범위를 넓히기 위해 애쓴다.

제비꽃의 씨앗

개미가 나르는 연영초의 유질체(엘라이오솜 elaiosome, 식물의 씨앗이나 열매에 부착된 지질 성분이 풍부한 덩어리로, 개미 등의 동물을 유인하여 씨앗을 널리 퍼뜨리는 역할을 한다.—옮긴이)

(제공 : 홋카이도대학 대학원 지구환경과학 연구원 교수, 오하라 마사시)

13 씨앗은 열매 속에 있다!

동물이 맛있는 열매를 먹고 똥을 싸면 열매 속의 씨앗은 똥과 함께 뿌려짐으로써 서식 범위를 넓힐 수 있다. 그러므로 맛있는 열매속에 씨앗이 없는 일은 있어서는 안된다. 따라서 식물은 씨앗이 생기지 않는데 맛있는 열매를 만들 수는 없다. '씨 없는 과일'은 특별한 경우로, 인간이 먹기 쉽게 기르는 과실이다.

'씨가 없으면 열매가 열리지 않는다'는 것을 쉽게 보여주는 과일이 '딸기'다. 딸기는 '씨앗 수만큼 커지는 과일'이라고 한다. 이 뜻을 설명하려면 우선 '딸기의 씨앗은 어디에 있는가'를 이해해야 한다.

딸기는 열매라고 생각되는 부풀어 있는 부분과 그 표면에 붙은 작은 알갱이들로 이루어진다. 대부분은 '표면에 있는 작은 알갱이가 씨앗이다'라고 생각한다. 하지만 표면에 있는 알갱이는 정확히는 씨앗이 아니다. '그렇다면 그 알갱이는 무엇인가?' 하는 의문이 생길 것이다.

알갱이는 암술의 아랫부분에 생긴다. 보통 암술의 아랫부분에 생기는 것은 '열매'다. 그러므로 알갱이는 딸기의 열매다. '알갱이가 열매라면 우리가 먹는 부분은 무엇인가?' 하는 의문이 든다. 우리는 먹는 부분이 열매라고 생각하지만 식물학적으로 열매가 아니다. 그 부분은 꽃을 받치고 있던 꽃턱이라는 부분이 부풀어 오른 것이다.

'그렇다면 씨앗은 어디에 있는가'라는 의문이 이어지는데 씨앗이 열매 안에 있는 것은 정해져 있는 사실이다. 그러므로 딸기의 씨앗도 열매 안에 있다. 즉 '딸기의 씨앗은 열매인 작은 알갱이 안에 있다'는 것이 정답이다.

딸기의 꽃과 열매와 씨앗

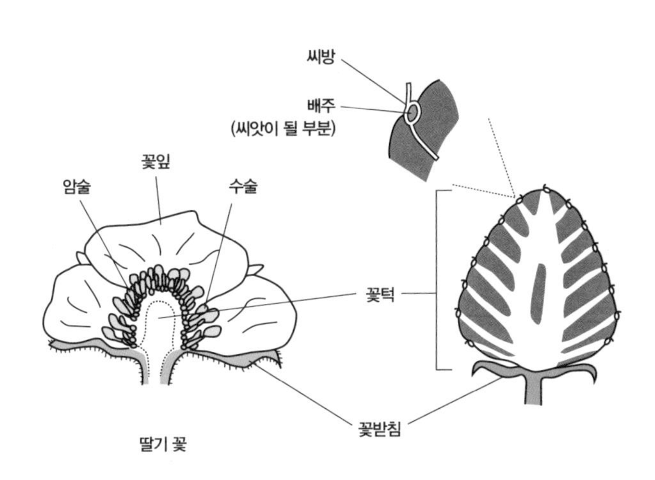
씨방
배주
(씨앗이 될 부분)
꽃잎
암술
수술
꽃턱
꽃받침
딸기 꽃

'열매는 암술 아랫부분에 생기니까' 오돌토돌한 건 열매네
'씨앗은 열매 안에 생기니까' 딸기의 씨앗은 오돌토돌한 것 안에 있는 거야

씨앗의 역할 : 열매를 크게 만들기

딸기가 씨앗의 개수만큼 커지는 과일인 것을 확인하는 실험은 간단하다. 딸기 꽃이 피고 작은 딸기가 커지기 전에 표면의 알갱이를 핀셋으로 모두 제거하면 된다. 사실 이 실험에서는 열매인 알갱이를 씨앗이라고 생각해도 무방하다. 왜냐하면 알갱이 속에 씨앗이 있으므로 알갱이를 제거하면 씨앗을 제거할 수 있기 때문이다. 딸기가 커지기 전에 알갱이를 제거하면 우리가 먹는 부분은 커지지 않는다. 딸기 아랫부분의 알갱이를 제거하면 윗부분은 커져도 아랫부분은 커지지 않는다. 따라서 길이가 절반 정도 되는 딸기가 된다.

이러한 현상은 '딸기의 먹는 부분을 크게 키우는 물질이 딸기의 알갱이에서 배출된다'는 사실을 나타낸다. 그러나 알갱이는 얇은 껍질 속에 씨앗을 품고 있을 뿐 딸기의 먹는 부분을 키우는 물질은 씨앗이 분비한다.

실제로 씨앗이 먹는 부분을 크게 키우기 위해 만드는 물질은 옥신이라고 알려져 있다. 딸기가 커지기 전에 알갱이를 핀셋으로 제거해도 작은 딸기에 옥신을 주면 딸기의 먹는 부분은 커진다. 이를 통해 씨앗에 있는 옥신이 딸기를 크게 키우는 것을 알 수 있다.

옥신은 딸기뿐 아니라 토마토나 가지의 열매도 크게 만든다. 따라서 인위적으로 토마토나 가지에 옥신을 주면 씨앗이 생기지 않아도 열매가 커진다. 이렇게 커진 토마토나 가지 열매가 바로 '씨 없는 열매'인 것이다.

딸기 씨 제거 실험

A : 일반적으로 커진 딸기

B : 커지기 전에 모든 알갱이를 제거한 딸기

C : 커지기 전에 아랫부분의 알갱이를 제거한 딸기

D : 커지기 전에 알갱이를 제거하고 옥신을 준 딸기

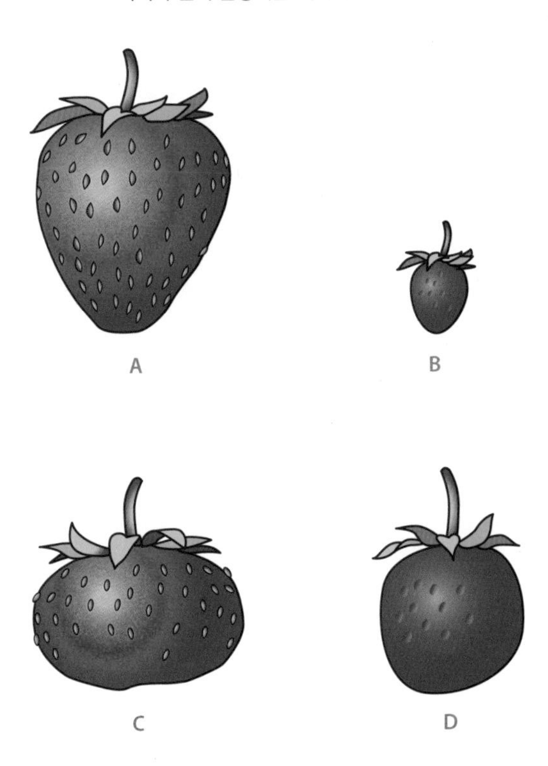

15 씨앗으로 보이지만 씨앗이 아닌 것은?

14장에서 '딸기가 씨앗 수만큼 커지는 과일'이라는 것을 확인하기 위해 딸기의 씨앗을 제거하는 실험을 했을 때는 '딸기 표면의 알갱이를 씨앗으로 봐도 무방하다'고 설명했다. '씨앗을 제거하기 위해서는 씨앗이 안에 들어 있는 알갱이를 제거하면 된다'는 뜻이다.

그러나 식물학에 밝고 용어에 엄격한 사람에게 딸기 표면의 알갱이를 씨앗으로 생각하는 것은 말이 안된다. 아마 표면의 알갱이는 씨앗이 아니라고 주의를 받을 것이다.

그런 일이 있어도 가볍게 답하면 된다. 상대방이 물고 늘어지는 일은 없다. 왜냐하면 식물학적으로 딸기 표면의 알갱이는 씨앗이 아니라 '수과'라는 것이기 때문이다. '수과'에서 '수'는 '여윌 수(瘦)'이기에 그대로 읽으면 여윈 열매가 되는데 말 그대로 '수과'는 '과육이 없는 열매'라는 뜻이다.

수과는 1개의 씨앗을 품는다. 50쪽에서 '홀씨 한 개를 떼어내면 아랫부분에 길이 5mm, 두께 2mm 정도의 열매가 달려 있다. 이 열매 속에 씨앗 하나가 들어 있다'고 썼다. '왜 솜털 밑에 붙은 것을 씨앗이라 쓰지 않고 열매 라고 썼을까?' 의문을 가진 사람도 있을 것이다. 식물학적으로 민들레의 씨앗은 열매이고 과육이 없는 수과다. 그래서 이 열매 속에 씨앗 하나가 들어 있다.

해바라기 씨앗

A : 해바라기 '씨앗'이라고 부르는 것

B : 바깥쪽의 두꺼운 껍질 (과피)

C : '수과' 속에 있는 씨앗

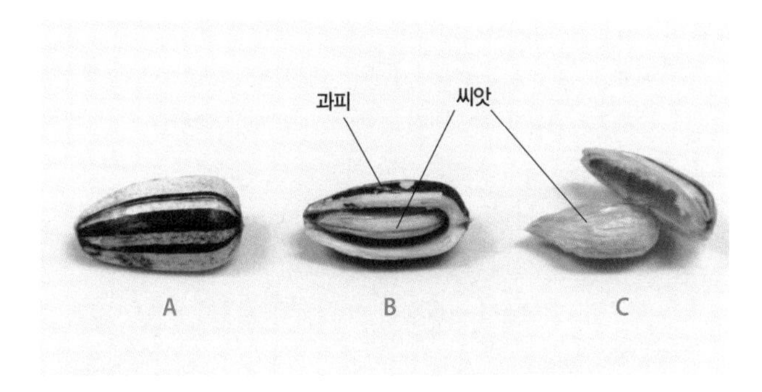

해바라기의 '씨앗'이라고 부르는 것도 실은 '과피'(열매껍질)야. 그러니 씨앗이라 부르는 것의 주변에 있는 단단한 껍질은 '종피'가 아니야. 수과의 '과피'인 거야

16 식물의 무성생식이란?

꽃을 피워 만들어진 씨앗으로 증식하는 식물을 종자식물이라고 부른다. 하지만 종자식물이어도 씨앗을 만들지 않고 증식하는 경우가 있다.

먼저 우리에게 익숙한 고구마와 감자로 예시를 들자면 우리는 고구마의 뿌리를 먹는데 이 뿌리를 괴근이라고 한다. 괴근에서 싹이 나오는 것이다. 그리고 우리가 먹는 감자는 줄기인데 이 줄기를 괴경(덩이줄기)이라고 한다. 이곳에서도 싹이 나온다.

대나무나 연꽃은 지상에 모습을 보이지 않고 땅속에서 뻗는 땅속줄기에서 새싹을 틔운다. 참나리나 참마는 잎이 시작되는 부분에 있는 싹이 영양을 비축해 구형으로 통통한 무성아라는 것을 만든다. 무성아에서 싹이 나와 하나의 식물체로 자란다.

딸기는 땅을 기듯이 포복경이라는 줄기가 자란다. 줄기의 마디에서 뿌리가 돋아 지면으로 뻗으며 끝에 있는 싹이 자라 하나의 개체로 성장한다. 포복경은 '엎드려서 땅을 긴다'는 의미의 포복이라는 단어를 쓰는데 다른 말로 기는줄기라고도 한다.

천손초나 만손초 잎 주위로 난 톱니 모양의 움푹 파인 곳에서 여러 개의 싹이 나온다. 그리고 각각이 하나의 식물체로 자란다. 인위적으로는 식물을 삽목(꺽꽂이)이나 접목으로 늘릴 수 있다. 또한 분주(포기나누기)로 늘릴 수도 있다. 민들레는 뿌리를 뽑아내어 그것을 자른 조각에서 싹을 틔운 후 하나의 식물체로 키울 수도 있다.

이렇듯 종자식물이라도 씨앗에 의존하지 않고 싹을 틔워 새로운 개체를 탄생시킬 수 있다. 이는 암수라는 성과는 무관하게 늘리는 방식이기에 무성생식이라고 부른다. 무성생식의 특징은 부모의 신체 일부에서 부모와 완전히 똑같은 유전적 성질을 지닌 채 태어나는 것이다.

천손초

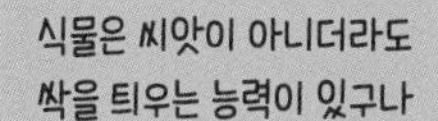
식물은 씨앗이 아니더라도
싹을 틔우는 능력이 있구나

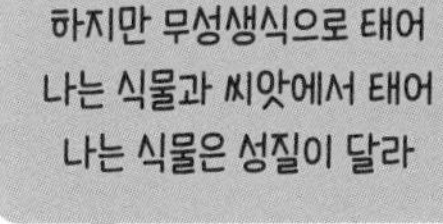
하지만 무성생식으로 태어
나는 식물과 씨앗에서 태어
나는 식물은 성질이 달라

잎 주위에 있는 톱니 모양의 파인 곳에서 싹을 틔우는 천손초

(촬영 : 가토 미야코)

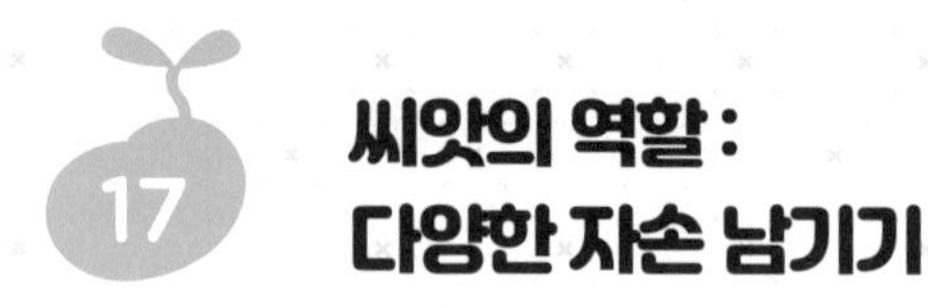

17 씨앗의 역할 : 다양한 자손 남기기

뿌리와 줄기, 잎을 영양기관이라고 부른다. 여기서 새로운 하나의 개체를 형성하는 증식 방법은 영양생식 혹은 영양번식이라 불린다. 따라서 영양생식과 영양번식은 암수라는 성이 관여하지 않으므로 무성생식이다. 그에 반해 암수라는 성이 관여하는 생식이 유성생식이다. 동물의 수컷과 암컷이 교미하여 새끼를 낳는 것은 잘 알려져 있다.

식물도 수컷, 암컷과 마찬가지로 성이 분화되어 있다. 그리고 식물도 성이 관여하는 유성생식을 한다. 식물은 수술이 수컷 생식기이고, 암술이 암컷 생식기다. 꽃이 식물의 생식기관인 것이다. 꽃 하나에 암술과 수술이 있는 양성화를 피우는 식물도 있고, 수꽃과 암꽃을 따로 한 그루에 피우는 식물도 있으며, 수꽃과 암꽃을 아예 다른 그루에 피우는 식물도 있다. 이들은 수술의 꽃가루가 암술에 붙어서 씨앗을 만들기 때문에 유성생식을 하는 식물이다.

무성생식으로 태어나는 식물과 유성생식으로 태어나는 식물은 성질이 다르다. 무성생식은 부모의 몸 일부에서 부모와 완전히 똑같은 유전적 성질을 지닌 아이가 태어나는 것과 같다.

반면 유성생식은 수컷과 암컷의 성질이 혼합되어 다양한 성질을 지닌 아이가 태어난다. 따라서 유성생식으로 태어난 식물은 부모와는 다른 성질을 얻을 수 있다. 유성생식으로 생기는 씨앗의 역할 중 하나는 '다양한 성질의 자손을 얻는 것'이라 할 수 있다. 다양한 성질의 씨앗이 태어나면 다양한 환경 속에서 자손이 살아갈 수 있기 때문이다.

유성생식을 하는 식물

양성화를 피우는 식물

— 암술과 수술을 지닌 꽃을 피우는 식물

나팔꽃, 백합, 도라지, 봉선화, 자목련, 목련, 분꽃 등

자웅동주 식물

— 한 그루에 수꽃과 암꽃을 피우는 식물

오이, 여주, 수박, 호박, 삼나무, 소나무,

밤, 옥수수, 베고니아, 참소리쟁이 등

자웅이주 식물

— 수꽃과 암꽃을 다른 그루에 피우는 식물

은행나무, 산초나무, 키위, 뽕나무, 식나무, 버드나무,

감제풀, 아스파라거스, 시금치, 머위 등

자웅동주나 자웅이주 식물들은 유성생식의 의의를 잘 알고 있다고 할 수 있어요

COLUMN

씨앗을 뿌리지 않는데 왜 싹이 나는가?

생각지도 못한 식물이, 생각지도 못한 장소에서 자랄 때 '씨앗을 뿌리지도 않았는데 싹이 나왔네'하고 신기해하곤 한다. 그러나 아무것도 없는 곳에서 태어나는 식물은 없다. 신기한 마술에도 트릭이 있듯이 신기한 현상에도 씨앗이 있다. 씨앗에는 뜻밖의 장소에서 싹을 틔울 소양이 충분히 깃들어 있다.

식물이 만드는 씨앗의 개수는 상상 이상으로 많다. 더욱이 씨앗에는 '뜻밖의 장소'로 이동하는 성질이 있다. 또한 씨앗은 이동했다고 해서 곧바로 발아하지 않는다. 발아할 장소나 시기를 고른다. 그것에 대해 이 장에서 소개했다. 그러므로 수많은 식물이 '뜻밖의 장소'에서 발아한다.

'뜻밖의 장소에, 뜻밖의 식물이 자라는' 현상에는 이유가 하나 더 있다. 씨앗만 주목받기 일쑤지만, 식물은 씨앗에 의존하지 않고 개체수를 늘릴 줄 안다.

땅속줄기를 땅속으로 뻗는 식물이 있는 것이다. 땅속줄기는 모습을 보이지 않고 땅속으로 뻗으면서 새로운 싹과 잎을 지상으로 자라나게 한다. 대나무, 조릿대, 감제풀, 삼백초, 머위, 양하, 쇠뜨기, 고사리, 고비, 속새, 페퍼민트 등 흔히 볼 수 있는 식물 대부분이 이 타입이다.

이러한 식물은 지상부가 겨울 추위로 자취를 감추어도, 베어내도, 제초제를 살포하여 말라버린다 해도 땅속에서 땅속줄기는 계속 살아 있다. 그렇기에 식물이 없는 곳에서 새로운 싹이나 잎이 나오면 '뜻밖의 장소에 뜻밖의 식물이 자랐네'라는 인상을 받는다.

제3장

씨앗의 영양

씨앗에는 발아한 후 스스로 영양분을 만들 수
있는 싹으로 자라기 위해 필요한 영양분이 저장되어 있다.
그 영양분은 싹이 자라기 위해서만 쓰이지 않는다.
우리 인간의 식량으로도 쓰인다.
3장에서는 우리가 살아가는 양식이 되어 주는 씨앗을 소개하겠다.

씨앗에 포함된 영양성분

씨앗이 발아하고 쑥쑥 자라기 위해서는 영양분이 필요하다. 씨앗은 이미 광합성을 할 수 있는 식물이 되기까지 필요한 수많은 영양분을 포함하고 있다.

우리 인간이 생명을 유지하고 자라기 위해 필요한 3대 영양소는 탄수화물, 단백질, 지질이다. 그 외에 비타민과 칼륨, 칼슘, 철 등의 미네랄도 필요하다. 3대 영양소에 비타민과 미네랄을 더하여 5대 영양소라고 한다.

식물은 우리와 마찬가지 생물이며 같은 시스템으로 살아간다. 그러므로 씨앗 속에도 3대 영양소인 탄수화물, 단백질, 지질이 포함되어 있다. 또한 5대 영양소로 꼽히는 비타민과 미네랄도 포함된다.

씨앗에 포함된 영양소는 우리 인간에게 필요한 영양성분과 같다. 그러므로 씨앗의 영양소는 싹이 자라기 위해 필요한 것뿐만 아니라 우리 인간의 식량이 되기도 한다. 최근에 들어서 '여섯 번째 영양소'라 불리는 식물섬유 섭취를 강조하는 분위기가 조성되고 있다. 식물섬유는 식물의 몸을 구성하는 것이며, 이 또한 우리 인간에게 식물이 필요함을 알 수 있다.

씨앗 속에 어떤 영양소가 많이 포함되어 있는지는 식물의 종류에 따라 다르다. 전분을 많이 포함하는 것은 벼, 밀, 옥수수 등의 씨앗인 동시에 인간의 주식이다. 이들 세 식물을 '3대 곡물'이라고 한다.

인간이 생명을 유지하고 성장하기 위한 에너지원이 되는 물질은 포도당이다. 이 물질이 나란히 이어지면 전분이 된다. 전분은 탄수화물 중 하나라서 탄수화물이라는 말로 대체하기도 한다.

또한 단백질을 많이 포함하는 씨앗은 대두와 완두콩 등 콩류다. 지질을 많이 함유하는 씨앗도 있다. 기름을 짜는 식물로 잘 알려진 유채, 참깨, 해바라기, 땅콩 등의 씨앗이 많은 지질을 함유한다.

전 세계 '3대 곡물'과 보리, 대두의 생산량

2010년 대략적인 생산량	
옥수수	8억 4400만 톤
밀	6억 5100만 톤
벼	6억 7200만 톤
보리	1억 2300만 톤
대두	2억 6200만 톤

출처 : FAO「FAOSTAT」(2012SUS 6월 18일 현재)

지구상 인간이 전 세계에서 생산되는 '3대 곡물'을 공평하게 분배한다며 한 사람당 몇 킬로그램을 받을 수 있을까? 현재 인구는 약 70억 명이고, '3대 곡물'의 총생산량은 약 22억 톤이다. 따라서 한 사람당 약 300킬로그램이다.

300킬로그램은 많은 양이지만
실제로는 소나 돼지, 닭 등의 사료로
대량의 곡물이 사용되므로
식량 부족이 일어나는 거야

지구인의 절반이 주식으로 삼는 씨앗은?

3대 곡물 중에서 일본인에게 가장 중요한 것은 쌀이다. 세계적으로는 아시아를 중심으로 지구상 인구의 약 절반인 30억 명이 주식으로 삼는다.

벼의 원산지는 동남아시아로 알려져 있다. 재배 역사가 긴 만큼, 동남아시아 이외의 지역에서도 재배되기 시작했다. 세계적으로는 약 90%가 아시아에서 생산되는데, 중국, 인도 등이 주요 생산국이다.

벼의 원종에는 이삭을 만지면 후드득 열매가 떨어지는 탈립성이라 불리는 성질이 있다. 이 성질이 있으면 벼를 수확하지 못하고, 떨어진 쌀을 줍는 수밖에 없다. 다행히 벼는 베도 열매가 떨어지지 않는 '비탈립성'이라는 성질을 익힘으로써 인간이 소중히 재배하는 곡물이 되었다.

일본에서 벼는 일찍이 조몬시대에 재배되었다. 그 후에 품종 개량이 거듭되어 한랭한 기후의 홋카이도에서도 재배할 수 있게 되었으며 맛있는 쌀을 만들 수 있게 됐다.

널리 알려지진 않았지만, 품종 개량할 때 또 하나 중요한 성질도 함께 개량되었다. 벼 포기의 키를 작게 한 것이다. 벼는 키가 크면 클수록 잘 쓰러진다. 쓰러지면 열매 상태가 나빠지고 수확하기도 어려워진다. 또한 키를 키우는 데 영양분이 사용되므로 수확량이 줄어든다. 그러한 이유로 키를 작게 만드는 것은 품종 개량의 중요한 목적이다. 메이지 시대의 벼 품종의 키는 1m가 넘었지만 현재의 벼 품종은 대부분 1m를 밑돈다.

가을에 수확된 벼는 탈곡기로 왕겨가 제거되어 현미가 된다. 현미는 표면을 덮고 있는 겨로 인해 검은빛을 띠며 배아도 붙어 있다. 도정기로 돌리면 현미에서 겨와 배아가 벗겨져 일반적으로 판매되는 쌀인 '백미'가 된다. 우리가 먹는 것이 바로 이것이다.

쌀에 포함된 영양분

	현미	백미
탄수화물	73.8	77.1
단백질	6.8	6.1
지질	2.7	0.9
수분	15.5	15.5

※먹을 수 있는 부분 100그램당 그램수

(출처 : 조시에이요대학출판부 「식품성분표 2012」)

현미와 백미의
'3대 영양소'가
포함된 양은 거의 같네

3 씨앗의 영양

백미 속에 축적된 영양성분은 전분을 중심으로 하는 약 77%의 탄수화물과 약 6%의 단백질, 그리고 미량의 지질 순으로 포함되어 있다. 쌀에는 전분만 있는 게 아니라는 말이다. 밥으로 먹는 경우는 비타민과 미네랄, 식이섬유가 풍부하고, 염분과 지질이 적기에 주식으로 적합하다. 그래서 쌀은 일본인의 주식일 뿐 아니라, 전 세계 인구의 약 절반의 주식이다.

맛있는 쌀은 인기가 많다. 쌀을 사러 가면 여러 브랜드(품종)의 봉투가 진열되거나 쌓인 채로 팔리고 있는데 그중에서 가격이 조금 비싼 것이 고시히카리다.

고시히카리는 일본에서 생산되는 쌀의 약 37%를 차지한다. 수많은 재배품종 중에서 가장 인기 있다. 고시히카리가 대단한 것은 그 지위를 20년 넘게 지키고 있다는 사실이다.

고시히카리 말고도 '히토메보레'나 '아키타코마치'같은 품종이 있다. 이들은 고시히카리의 인기에 부응하고자 고시히카리와 혈연관계를 맺고 있다.

식물이므로 진짜로 피가 이어져 있는 것은 아니지만, 고시히카리의 형제나 자식, 손자라 할 수 있는 품종이다. 그래서 몇몇 품종은 '○○히카리'라는 이름을 이어받았다. 가령 '히노히카리', '유메히카리', '기누히카리'등이다. 이름을 이어받지 않은 히토메보레, 아키타코마치 외에 '기라라397'도 맛이 좋은 고시히카리의 피를 이어받았다.

고시히카리와 다른 품종의 혈연관계

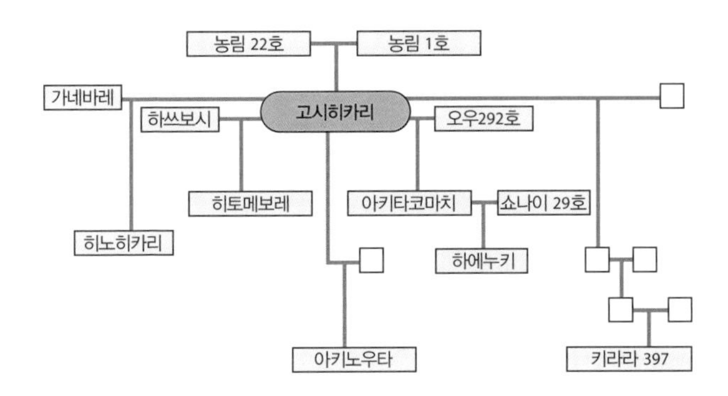

2009년산 벼 품종별 수확량

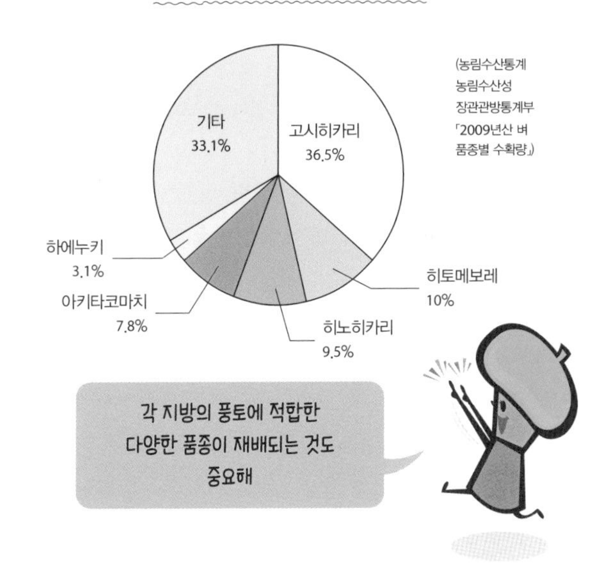

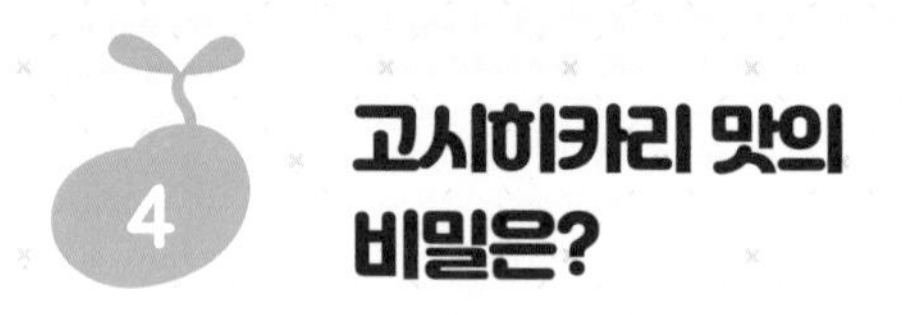

4 고시히카리 맛의 비밀은?

'고시히카리는 왜 맛있을까?'라는 물음의 답이 나왔다. 즉 고시히카리 맛의 비밀이 밝혀진 것이다.

쌀의 주성분은 전분이지만 전분은 아밀로스와 아밀로펙틴이라는 두 가지 유형이 있다. 그중에 아밀로스라는 물질의 양이 맛에 크게 영향을 준다는 사실이 알려졌다. '맛'이라는 것은 여러 요소가 섞여 만들어지는 것이다. 그러므로 아밀로스만으로 설명할 수 있는 것은 아닐지도 모른다. 그러나 이 성분의 함유량이 쌀 맛에 크게 영향을 미치는 것은 사실이다.

가령 일본인 대부분이 '맛있다'고 표현하는 찹쌀은 아밀로스를 전혀 함유하지 않는다. 반면에 쌀이 흉작이었던 오래전, 부족분을 메우기 위해 길쭉한 인디카 쌀을 수입하는 대책이 시행됐다. 그러나 이 쌀은 퍼석퍼석해서 인기가 없었다.

일반 쌀은 아밀로스를 20~22% 함유한다. 맛있는 고시히카리는 아밀로스를 약 17%밖에 함유하고 있지 않다. 아밀로스 양의 근소한 차이가 우리가 '맛있다'고 느끼는 중요한 요인이 될 수 있다. 그래서 맛있는 쌀을 만들려면 아밀로스가 적은 품종을 길러야 한다. '아밀로스의 함량이 적은 쌀을 만들면 정말로 맛있을까?'라고 고개를 갸우뚱할지도 모르겠다. 하지만 실제로 아밀로스 함량을 적게 해서 맛있는 쌀을 개발한 예시가 있다.

옛날 홋카이도 쌀은 아밀로스 함량이 높아서 '맛있다'는 평가를 얻지 못했다. 그래서 아밀로스 함량이 낮은 '기라라397'이나 '호시노유메'등의 품종을 개발하자 '맛있다'는 좋은 평판을 얻을 수 있었다.

쌀의 아밀로스 함량

	아밀로스 (%)
찹쌀	0
인디카 쌀	약 30
일반 자포니카 쌀	20~22
고시히카리	16~18

일본인은 약간 찰기가 있는 밥을 좋아하지만 미국인 대부분은 일본 쌀을 '스티키'라고 표현하며 끈적거린다며 싫어해. 아밀로스가 많은 퍼석퍼석한 인디카 쌀의 식감을 선호하지.

5 '에도병'이란?

에도시대, 상경하고 몇 년이 지나 손발이 붓고 마비되어 온몸에 권태를 느끼는 사람들이 생겨났다. 병이 심해지면 다리를 절뚝거리며 지팡이에 의지해 걸어야만 했다. 더 심해지면 심장 일부가 비대해져 죽음에 이르는 무서운 병이었다. 하지만 병에 걸린 사람이 시골로 돌아가면 신기하게도 증상이 말끔히 나았다. 그래서 이 병을 '에도병' 혹은 '에도 질환'이라고 불렀다. 에도라는 장소에서 일어나는 일종의 풍토병이라고 생각한 것이다.

메이지 시대가 시작되자 병이 일본 전국으로 퍼졌다. 특히 원양어선이나, 집단생활을 하는 군대에서 환자가 속출했다. 그래서 '전염병'이라고 생각하는 사람도 있었다. 이 병으로 수많은 사망자가 나온 당시 육군의 군의관은, 도쿄대 의대를 최연소로 졸업하고 독일로 유학을 갔다가 돌아온 신진기예, 모리 린타로라는 인물이었다. 그는 '이 병은 전염병이다'라고 강하게 주장하며 원인이 되는 균을 찾으려 애썼지만 찾지 못했다. 참고로 모리 린타로는 작가 모리 오가이의 본명이다.

한편, 당시 해군의 군의관이었던 다카키 마사히로는 서양 군대에는 이런 병이 없다는 것을 알고 '음식이 원인'이라고 생각했다. 그래서 질병 예방을 위해 서양 군대와 마찬가지로 군인에게 빵을 먹이려 했지만 당시 군인들은 익숙지 않았던 빵을 먹지 않았다. 그래서 그는 '빵의 원료인 보리를 먹이면 되지 않을까?'하는 생각에 보리밥을 먹였고, 그 결과 해군에서는 에도병에 의한 사망자가 거의 나오지 않았다.

훗날 밝혀진 병의 이름은 '각기병'이었다. 각기병은 비타민 B_1의 부족으로 발생한다. 비타민 B_1은 현미에 많이 함유되어 있다. 그러나 백미로 도정하면 함량이 현저히 줄어든다. 결과적으로 각기병은 흰 쌀을 먹게 됨으로써 걸린 병이었다.

곡물의 비타민 B_1 함량

현미	0.41
백미	0.08
보리	0.22
밀	0.41

※먹을 수 있는 부분 100그램당 그램수

(출처 : 조시에이요대학출판부 「식품성분표 2012」)

에도시대, 가난한 시골 농가에서는 흰 쌀을 거의 먹지 못했어. 흰 쌀을 먹게 되자, 비타민 B_1이 부족해져서 각기병에 걸린 거야

6 쌀겨의 힘

최근 자연식과 건강에 대한 선풍적인 인기로 다양한 품종의 버섯이 시판되었다. 채소 가게나 마트에서는 1년 내내 다양한 종류의 버섯(표고버섯, 팽이버섯, 느티만가닥버섯, 나도팽나무버섯, 느타리버섯, 잎새버섯, 새송이버섯 등)을 만나볼 수 있다.

이렇게 많은 버섯이 매일 산속에서 자연히 날 리는 없다. 인공으로 재배되는 것이다.

버섯의 인공 재배에는 다양한 방법이 있다. 가령 표고버섯 수확 체험에 가면 벌목된 1m 정도의 나무에서 표고버섯이 비죽비죽 자라나 있다. 이렇듯 산에서 원목을 사용하여 기르는 것도 인공 재배의 일종이다. 그러나 마트에서 판매되는 버섯 대부분은 산이 아닌 재배 공장에서 생산된다.

대부분 버섯은 나무에 나기 때문에 버섯을 재배하려면 목재가 필요하다. 재배 공장에서는 대체로 나무 대신 톱밥을 사용한다. 톱밥은 나무를 톱으로 잘랐을 때 생기는 나무 가루다. 이것을 이용해 버섯을 기를 때 사용되는 영양원이 바로 쌀겨다. 쌀겨는 맛은 없지만 영양분은 듬뿍 들어 있다. 버섯 재배용 병이나 봉지에 톱밥을 가득 채우고 영양분을 담당하는 쌀겨를 배합한 '버섯 배지'를 심는다.

버섯은 균사라고 불리는 곰팡이와도 같은 것에서 자란다. 가느다란 실타래처럼 하얗고 폭신폭신하다. 균사를 재배하면 버섯이 자란다.

우리는 예로부터 쌀겨에 영양이 풍부하다는 사실을 알고 있었다. 그래서 쌀겨를 된장 절임에 쓰거나, 짜서 기름을 얻거나 비료로 삼는 등 생활 속에서 이용했다. 이전에는 비누 대용으로도 썼다. 요새는 유기비료로도 사용된다. 또한 화장품으로서 미용에도 쓰이고 있다.

쌀겨의 영양

수분	13.5
단백질	13.2
지질	18.3
당질	38.3
섬유질	7.8
회분	8.9
비타민	약 40

※먹을 수 있는 부분 100그램당 그램수
※타민만 100그램당 밀리그램

(출처 : 조시에이요대학출판부 「식품성분표 2012」)

'겨'는 일본에서는 '헛됨'이라는
이미지가 있지만,
쌀겨의 힘은 대활약을 하고 있어!

무세미는 게으름뱅이를 위한 쌀인가?

시중에 판매되고 있는 '무세미'는 밥을 짓기 전에 물로 씻을 필요가 없는 편리한 쌀이다. 이런 특징 때문에 '혼자 사는 사람이 소량의 쌀을 씻지 않아도 먹을 수 있다'든가 찬물에 손을 담그지 않아도 좋은, '쉽게 밥을 지을 수 있다'는 이미지가 있다. 많은 사람이 '무세미는 게으른 사람이 꾀를 부리기 위해 쓰는 쌀'이라고 생각할 수 있다.

그보다, '무세미는 맛이 없다'는 인상이 있다. 무세미는 쌀을 씻을 필요가 없기에 '이미 물로 씻어 말린 것'이라고 생각하는 사람이 많아서 '물로 씻어서 말린 쌀이 맛있을 리가 없다'는 연상이 따라붙는 것이 이유다.

하지만 그렇지 않다. 무세미를 시식한 많은 사람은 '맛있다'는 의견을 내놓는다. 왜냐하면 무세미는 물로 씻은 후 말린 쌀이 아니기 때문이다. '물 없이 어떻게 씻지?' 의문을 품는 분도 있을지 모르겠다. 이는 밥을 짓기 전에 쌀을 씻는 이유를 오해하는 것에서 비롯된 의문이다. 쌀을 씻는 이유는 쌀이 더러워서가 아니라 표면에 얇게 덮인 겨를 제거하기 위해서인데, 현미를 정미기에 넣어 겨와 배아가 제거되면 백미가 된다. 그런데 백미의 표면은 아주 얇게 '호분층'이라 불리는 겨가 뒤덮고 있다. 겨는 맛이 없으므로 먹기 전에 씻어서 벗겨내야만 한다. 그래서 밥을 짓기 전에 쌀을 부드럽게 저으면서 물로 씻어내는 것이다.

무세미는 물을 사용하지 않고 겨를 제거한 쌀이다. 가령 쌀을 금속 통에 넣어 쌀이 벽면에 부딪히도록 통 안을 빠르게 흔들면 쌀겨가 통 벽면에 붙는다. 그 겨에 잇달아 쌀이 부딪히고, 쌀 표면의 겨가 벽면의 겨에 붙어서 벗겨진다. 이 방법은 점도가 높아서 겨끼리 달라붙는 성질을 이용한 것이다.

이 방법으로 만든 무세미는 물 세척보다 깨끗하게 겨가 제거돼서 더 맛있다. 또한 백미의 표면에는 맛의 근원이 되는 '감칠맛층'이 있는데 물로 씻으면 이 '감칠맛층'이 훼손된다. 점착력으로 겨를 제거하면 감칠맛층이 손상되지 않고 그대로 유지된다. 그래서 맛있어지는 것이다.

무세미가 맛있는 이유

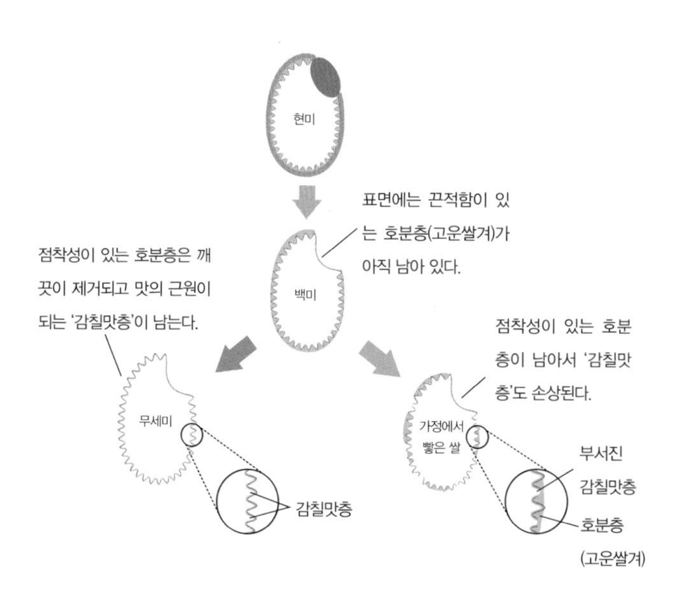

(제공 : 전국 무세미 협회)

8 보리의 영어 이름은?

'보리밥', '보리밟기', '보리밭', '보리 경작', '보리차' 등 우리는 '보리'라는 말을 자주 쓴다. 하지만 영어에 보리라는 말은 없다. 보리는 소맥(밀, wheat), 대맥(보리, barley), 호밀(rye)을 통틀어 말한 것이다.

'3대 곡물' 중 하나로 꼽히는 것은 밀이다. 밀은 벼, 옥수수, 감자와 함께 '4대 작물'로 불린다. 밀의 원산지는 소아시아(현재의 튀르키예 인근)지만, 전 세계적으로 재배된다. 빵과 면류의 원료로 수많은 사람의 주식이 되고 있기도 하다. 밀의 연간 생산량은 약 6~7억 톤으로 세계 생산량의 절반이 중국, 인도, 미국, 러시아 프랑스 등의 5개국이다. 옥수수 다음으로 세계적으로 생산량이 많다.

보리밥에 쓰이는 것은 주로 대맥이다. 이는 중국 대륙의 남서부가 원산지로 알려져 있다. 쌀과 비교하면 단백질 함량은 같지만, 식이섬유는 10배 이상, 미네랄 등도 몇 배는 더 많이 함유하고 있다. 따라서 최근에는 건강보조식품으로 먹는 사람이 늘고 있다.

어린 시절 겨울의 시골 풍경을 떠올리면 '보리밟기'가 생각난다. 말 그대로 보리의 새싹을 밟는 것으로 겨울에 생기는 서릿발로 인해 뿌리가 들어 올려져 잘리지 않도록 세게 밟아두는 것이다. 또한 싹을 밟음으로써 봄에는 강한 싹이 나온다. 하지만 우리 생활 속에서 보리가 사라지면서 '보리밟기'라는 말은 거의 사어가 되었다.

수십 년 전에는 많은 사람이 보리를 먹었다. '가난뱅이는 보리를 먹어라'라고 말하는 당시 이케다 하야토 재무상의 무책임한 발언을 볼 때 부자는 먹지 않는 곡물이었을지도 모른다이 발언의 진의는 '일본인은 현재는 빈부의 격차가 없이 같은 것을 먹지만, 옛 일본의 습성으로 돌아가 소득이 많은 사람은 쌀을 주로 먹고, 소득이 적은 사람은 보리를 중심으로 먹어야 한다'는 부드러운 표현이었다고 한다.

보리는 영양이 가득하다

	쌀(백미)	보리		옥수수
		대맥(보리)	소맥(밀)	
탄수화물	77.1	77.8	72.2	70.6
단백질	6.1	10.9	10.6	8.6
지질	0.9	1.3	3.1	5.0
수분	15.5	14.0	12.5	14.5

※먹을 수 있는 부분 100그램당 그램수

(출처 : 조시에잉요 대학출판부 「식품성분표 2012」)

보리를 먹으면 비타민B 결핍증인
각기병에 걸리지 않아.
그래서 현재 보리는
마치 건강 보조 식품처럼
팔리고, 이용되고 있어
(82쪽 참조)

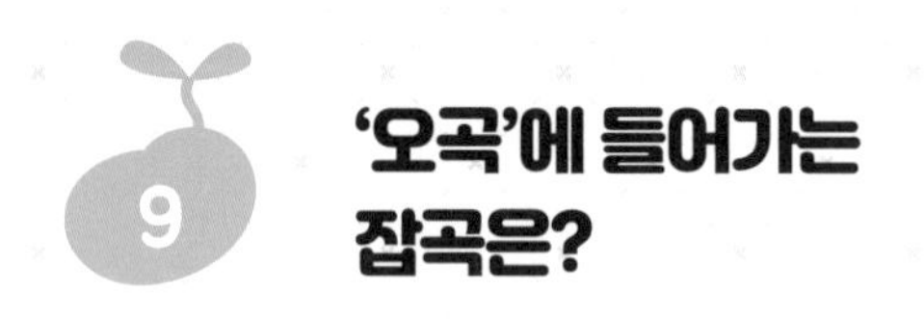

9 '오곡'에 들어가는 잡곡은?

사람이 주로 먹는 다섯 곡물을 오곡이라 부른다. 일본에서는 쌀, 보리, 콩, 조, 수수 등을 가리킨다. 수수 대신 피를 꼽기도 한다. 예로부터 일본에서 사용된 '오곡풍양(伍穀豐穰)'이라는 말은 곡물이 풍요롭게 결실 맺는 것'을 뜻한다. 예로부터 일본 각지에서는 오국풍양을 기원하는 제의 등이 올려졌다. 이는 쌀, 보리, 콩 등과 함께, 조와 수수, 피 등이 예로부터 일본인의 주식이었다는 것을 뜻한다. 조와 수수, 피 등은 잡곡이라고 불린다.

수수는 중앙아시아가 원산지이며, 일본에는 조, 피보다 늦게 전파된 것으로 알려졌다. 가을에 꽃이 피고 노란 열매가 열린다. 흰색이나 갈색 열매도 있지만 노란 열매가 인상적이다. 따라서 일본어로는 '노란 열매'라는 뜻의 '黃実'이라는 한자에서 이름이 유래했다고 한다.

일본의 전래동화 『모모타로(桃太郎)』에 나오는 '수수경단'은 수수로 만들어졌다. 그러나 현재의 수수경단 대부분은 수수가 아니라 찹쌀가루로 만든다. 따라서 일본어로는 수수경단(吉備団子)에, 수수를 뜻하는 '黍'가 아니라 해당 지역의 옛 이름인 '吉備'를 쓴다. (수수는 일본어로 '기비'라고 읽는다. -옮긴이) 이는 오카야마현 '기비'라는 곳에서 만들어진 경단이라는 뜻이다.

피의 원산지는 중국이라고 알려져 있다. 그러나 일본이라는 설도 있는데 피가 조와 함께 일본에서 가장 오래된 작물이기 때문이다. 돌피라고 불리며 일본의 밭에 자라는 대표적인 잡초다.

피는 조와 마찬가지로 고온, 건조에 강한 구황작물이다. 구황작물이란 기온이나 강우량 이상으로 흉작인 해에, 이상 기온에 지지 않고 인간에게 식량을 공급해주는 식물이다. 피는 '냉'(둘 다 일본어로 '히에'라는 발음이다. -옮긴이)을 뜻하는 이름이라 할 정도로 추위에 강한 구황작물이다.

수수와 피

수수

피

일본에서는 밥그릇을 손에 들고
밥을 먹지. 이건 '옛날 일본인은
피를 먹었는데 식으면 바스락거리면서
흩어지기 때문에 몸에 밴 습성'이라는
설이 있어. 진짜일까?

10 일본에서 가장 오래된 작물은?

조는 중앙아시아에서 서아시아를 원산지로 하며, 영어로는 'foxtail grass'다. 'fox tail'은 '여우'의 꼬리라는 뜻으로, 열린 이삭의 모습을 빗댄 것이다. 조의 원종이라 할 수 있는 것은 강아지풀이다. 이는 일본에서 '狗尾草'라고 쓰는데, 이삭은 개의 새끼를 뜻하는 '강아지' 꼬리에 비유된다.

조는 일찍이 일본에 전래됐다. 벼가 들어오기 전, 피와 함께 일본인의 주식으로 추정된다. 따라서 '일본에서 가장 오래된 작물'로 불리기도 한다. 건조 등에 강한 구황작물이다. 예부터 재배되었기 때문에 일본 격언 등에도 등장한다. 가령 '조 한 알은 땀 한 방울(粟一粒は汗一粒)'이라든가 '젖은 손에 좁쌀(濡れ手で粟)'이라는 말이 있다. '조 한 알은 땀 한 방울'은 '작은 좁쌀 한 알을 만들려면 농민의 땀이 한 알 흘러야 한다'는 뜻으로, '먹을 것을 소홀히 여겨서는 안 된다'는 가르침이다.

한편 '젖은 손에 좁쌀'은 '젖은 손으로 좁쌀을 쥐면 좁쌀알이 잔뜩 붙어서 많이 쥘 수 있'기에 '고생하지 않고 이득을 얻는 것'을 뜻한다. 때때로 '젖은 손에 좁쌀'을 '젖은 손에 거품'으로 잘못 말하는 경우가 있다. (좁쌀과 거품의 일본어 발음이 같음. -옮긴이) 거품도 젖은 손에 잘 붙으니 이해가 간다. 게다가 요새는 좁쌀을 본 적 없는 사람도 많으므로 '젖은 손에 거품'이라고 하는 것이다.

'젖은 손에 좁쌀'은 조가 식량이므로 젖은 손으로 가득 쥐면 '고생하지 않고 이익을 얻는 셈'이 되므로 고마운 일이다. 하지만 '젖은 손에 거품'은 젖은 손에 거품이 잔뜩 묻는다고 해서 아무런 이익이 되지 않는다. 그러니 아무 뜻도 없는 말이다.

잡곡의 영양소

	조	수수	피
탄수화물	73.1	73.1	72.4
단백질	10.5	10.6	9.7
지질	2.7	1.7	3.7
수분	12.5	14.0	13.1

※먹을 수 있는 부분 100그램당 그램수

(출처 : 조시에이요대학출판부 「식품성분표 2012」)

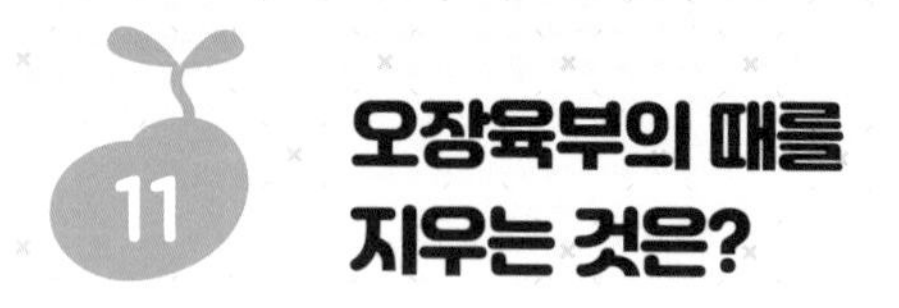

11 오장육부의 때를 지우는 것은?

중국과 조선을 거쳐 일본으로 전래된 메밀은 동아시아가 원산지인 마디풀과의 식물로 열매를 가루로 빻으면 식용으로 쓸 수 있다. 열매껍질은 건조하면 '메밀껍질'이 되는데, 베개 속에 넣는 소재로 쓰인다. '메밀껍질 베개'는 통기성이 좋고 땀을 흡수하며 머리를 식히는 효과가 있어서 '기분 좋게 푹 잘 수 있는 베개'라고 알려졌다.

일본에는 '메밀 70일' 혹은 '메밀 75일'이라는 말이 있는데, 씨앗을 뿌린 후 열매가 열리고 수확하기까지 일수가 짧은 것이 메밀의 큰 특징이다. 산지에서 재배할 때 통상 6월에 씨앗을 뿌리면 약 25일 만에 꽃을 피우고 9월에 수확할 수 있다.

예로부터 일본인은 메밀을 자주 먹었다. '옆집에 이사왔어요'라는 의미로 '이사 메밀국수'를 먹었고, (옆집과 메밀국수의 일본어 발음이 같다. -옮긴이) 선달그믐에는 '메밀국수처럼 수명이 길어지라'는 바람을 담아 '해넘이 메밀국수'를 먹는다. 이삿날이나 선달그믐이 아니더라도 일상적으로 메밀국수를 먹기도 한다. 그뿐 아니다. '메밀은 오장육부의 때를 벗긴다'든가 '메밀을 즐겨 먹는 지방은 장수하는 사람이 많다'는 전해지는 말을 통해 예전부터 메밀은 건강과 장수를 상징하는 음식임을 알 수 있다.

최근 주목받는 것은 메밀에 포함된 루틴이라는 물질이다. 루틴에는 염증을 억제하고, 생활습관병을 예방하는 효과가 있다고 알려졌다. 루틴은 물에 녹아서 메밀국수를 삶으면 루틴은 물속에 녹아든다. 그렇다면 '삶은 후 먹는 메밀국수에는 루틴이 들어 있지 않은 것 아닌가?' 걱정이 들기도 한다. 하지만 걱정할 필요는 없다. 옛날 사람들은 메밀국수 삶은 '물'을 꼭 마셨기 때문이다.

옛날 사람들이 루틴의 존재나 효용성을 알았을 리는 없다. 그럼에도 불구하고 메밀 삶은 물을 마시는 습관은 그 속에 녹아든 것이 중요하다고 직감적으로 알았기 때문이다. 이는 옛날 사람들이 익혔던 '영양분이 되는 것은 함부로 하지 않는 자세'에서 생겨난 생활의 지혜다. 루틴을 섭취하려면 메밀 삶은 물을 드시기 바란다. 그 안에는 뜨거운 물에 녹아 나온 비타민도 포함되어 있다.

메밀 열매

(제공 : 국영 쇼와 기념공원 「코레비노사토」)

'오장육부'의 '오장'이란 심장, 폐, 간, 신장, 비장을 가리킨다. '육부'란 대장, 소장, 쓸개, 위, 방광, 삼초(三焦) (한의학에서는 상초, 중초, 하초를 통틀어 이르는 말. ─옮긴이)다. '삼초'는 개념적인 것으로 형태는 없다.

12 '밭의 고기'란?

대두는 동아시아가 원산지인 '밭의 고기'라고 불리는 콩과 식물이다. 양질의 단백질을 만들어 축적하고 있기에 예부터 귀중한 단백질원으로 영양적 가치를 주목받았다. 특히 고기나 생선을 쓰지 않는 사찰 요리에서 빼놓을 수 없는 식재료다.

단백질 함량은 말린 콩이 약 35%, 삶아서 수분(약 64%)을 머금은 콩이 약 16%다. 이는 생등심 쇠고기(수분 약 68%)의 단백질량 21%와 비교할 때 손색이 없다. 그래서 대두가 '밭의 고기'라고 불리는 것이다.

십수 년 전 일본의 광우병 파동은 소비자의 쇠고기 기피 현상을 불러일으켰다. 쇠고기를 대신하는 단백질원으로 주목받은 것이 돼지고기, 닭고기와 함께 낫토였다. 이런 이유로 낫토 소비량은 증가했고 이 낫토의 원료가 대두였다. 대두는 단백질원으로서 기능할 뿐 아니라, 최근에는 이 안에 포함된 폴리페놀의 일종인 이소플라본의 작용이 주목받고 있다. 이소플라본은 동맥경화를 방지하고 암을 억제하며, 당뇨병을 개선하는 등의 작용이 알려져 있다.

서구화된 식사로 인해 섭취하는 지질이 늘고, 다른 나라에 비해 일본 남성의 흡연율 또한 꽤 높음에도 불구하고 일본인의 수명은 길다. 이것을 두고 세계는 '재패니즈 패러독스'라고 부른다.

일본 음식에 듬뿍 사용되는 대표적인 식재료는 대두다. 대두는 미소, 간장, 낫토, 두부, 고야두부, 콩비지, 유부, 두유, 두부껍질, 볶은 콩, 삶은 콩, 콩나물 등 일본 음식을 지탱하는 식재로에 널리 쓰이며 일본인의 장수 근원으로 여겨진다.

대두를 사용한 다양한 식품

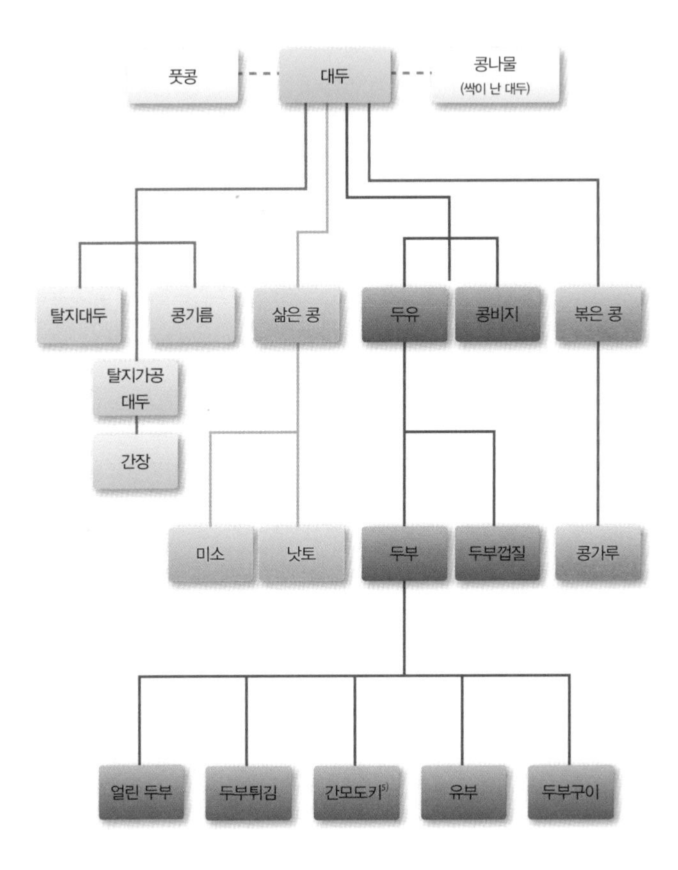

5) 두부를 으깨 다진 채소 등을 넣고 튀긴 음식. —옮긴이

13

'붉은 다이아몬드'란?

팥은 동아시아가 원산지인 콩과 식물이다. 이 콩의 색은 붉어서 '팥색'이라고 한다. 황매화색, 벚꽃색, 등나무색, 귤색 등 꽃과 열매의 색에서 유래한 색이름이 있지만 팥은 씨앗의 색이 색깔 이름이 되었다. 어지간히 색이 인상적이었던 것이다. 이는 안토시아닌이라는 색소 덕분이다.

'다이아'는 다이아몬드를 가리키는데 그만큼 가치가 크다는 뜻이다. 팥 시세로 일확천금의 큰 돈벌이가 가능했기에 이렇게 불린 것이다.

팥은 예로부터 일본인이 아껴온 콩이다. 일본인은 생일이나 축하할 일이 생기면 팥밥을 먹고, 가을 마쓰리에는 밤이 들어간 팥밥을 먹어왔다. 가정이나 지역에 따라서는 1일과 15일에 팥밥을 지어 신단에 올리는 관습도 있었다.

정월대보름에는 팥죽을 먹었다. 만주의 앙금에도 팥이 사용되었다. 이처럼 예로부터 가까이 있었기에 속담이나 격언, 전설에도 자주 등장한다.

'팥은 바보가 익히게 하라'는 말이 있듯, 좀처럼 익히기가 어렵다. 참고로 이 말은 '천천히, 느긋하게 하는 것'을 뜻한다. '여우에게 팥밥'은 '고양이에게 가다랑이포'와 같은 의미로 사용된다. 팥밥은 찹쌀을 쓰지 않고 평소 먹는 멥쌀로 지은 붉은 밥이다. 여우는 팥을 좋아하는 모양이다.

팥

(제공 : 마스다 카즈오)

'팥은 친구의 이슬을 싫어한다'는 말이 있는데 무슨 뜻이야?

'팥을 재배할 때는 포기와 포기 간격을 띄고 심으라'는 가르침이지. 옆 포기 잎사귀의 이슬이 맺힐 정도로 가까이 심으면 열매 맺는 팥이 적어지거든

14 '꼬투리를 먹는 콩'은?

완두콩은 중앙아시아에서 중동을 원산지로 하는 콩과의 식물이다. 예부터 전 세계적으로 널리 재배되었기에 원산지는 불분명하다. 고대 이집트에서도 재배되어 투탕카멘의 무덤에서도 출토되었다.

콩류의 뿌리에는 뿌리혹박테리아가 사는데, 공기 중 질소로부터 질소 비료에 해당하는 영양을 만들어 준다. 그래서 양분이 적은 척박한 토양을 비옥하게 만드는 데 도움이 된다.

완두콩은 스위트피 꽃을 닮은 꽃이 핀 후에 꼬투리가 달린다. 식용으로도 쓰이는데 미숙한 꼬투리를 식용으로 삼는 것이 스노우피(snow pea), 미숙한 씨앗을 식용으로 삼는 것이 그린피스(green peas)다. 최근에는 완두콩 단백질을 원료로 '제3의 맥주'가 만들어졌다. '깔끔한 맛'이라며 인기가 있다.

강낭콩은 남아메리카 혹은 중앙아메리카가 원산지라고 한다. 현재는 전 세계에서 재배되고 있다. 콩류에서는 대두, 땅콩에 이어 세 번째로 많이 생산되고 있다. 강낭콩은 긴 꼬투리 속에 콩팥 모양이라고 표현되는 콩이 10개 안팎으로 맺힌다. 콩팥처럼 생긴 콩이기에 이 식물의 영어명은 'kidney bean'이다. 'kidney'는 '신장', 'bean'은 콩이다.

포기는, 덩굴이 뻗는 덩굴성 식물이지만 최근에는 덩굴이 없는 '왜성종'이 많이 재배되고 있다. 어린 콩은 코투리에 들어 있는 채로 먹기에 '꼬투리 강낭콩'이라고 부른다.

1년에 세 번 수확할 수 있기에 '산도마메'(三度豆, 세 번 콩이라는 뜻 -옮긴이)라고 불리기도 한다. 그 외에도 강낭콩 품종으로는 콩 색이 자주색인 '붉은 강낭콩', 콩 무늬가 얼룩덜룩한 '호랑이 콩' 등이 있다.

잡곡의 영양소

	팥	완두콩	강낭콩
탄수화물	58.7	60.4	57.8
단백질	20.3	21.7	19.9
지질	2.2	2.3	2.2
수분	15.5	13.4	16.5

※먹을 수 있는 부분 100그램당 그램수

(출처 : 조시에이요대학출판부 「식품성분표 2012」)

강낭콩의 일본어는 '隱元豆'인데,
교토 우지시에 있는
오바쿠산(黄檗山) 만푸쿠지(万福寺)라는
절을 세운 인겐(隱元)에서 유래했어

하지만 인겐이 가져온 것은
'제비콩'이었다는 설도 있어

'만병통치약', '불로장수의 명약'이라고 불리는 씨앗은?

지방을 많이 함유한 씨앗을 만드는 식물이 있다. 대두, 참깨, 유채, 땅콩 등인데 대표적인 것이 참깨다. 참깨는 참깨과의 식물로, 원산지는 인도와 아프리카라고 한다. 학명은 'Sesamum indicum'으로, 인도가 원산지라는 것을 나타낸다. 최근에는 아프리카 사바나가 참깨의 원산지라는 설이 유력하다. '검은깨', '흰깨', '금참깨' 등이 있으며 이 이름은 씨앗의 색에서 비롯되었다.

참깨는 인도에서 '만병통치약', 중국에서는 '불로장수의 명약'이라고 일컬어지는 식재료다. 참기름을 짜는 것에서 상상할 수 있듯, 참깨에는 지질이 약 52%나 포함되어 있다. 또한 단백질이 약 20% 함유되어 있다.

일본의 참깨는 오래전 중국에서 들여온 것이다. 사찰 요리에서는 대두와 함께 귀중한 단백질원이었다. 육식을 금하는 승려들에게 단백질을 제공한 것이다. 일본 요리에 빠질 수 없는 식재료가 참깨다. 참기름, 볶은 깨, 깨소금 무침, 깨두부, 깨드레싱 등으로 활용되며 일식 파워를 떠받친다.

참깨는 세사민 혹은 세사미놀이라는 물질을 함유한다. 이것은 식물의 속명 'Sesamum'이나 영어 이름인 'sesame'에서 유래한다.

이 물질은 산소와 반응하여 기름의 품질 저하를 막는 작용을 한다. 덕분에 참깨는 장기간 보관할 수 있다. 또한 참기름은 튀김에 여러 번 사용해도 풍미가 사라지지 않는다.

지질이 많이 함유된 씨앗

	대두	참깨	땅콩
탄수화물	28.2	18.4	18.8
단백질	35.3	19.8	25.4
지질	19.0	51.9	47.5
수분	12.5	4.7	6.0

※먹을 수 있는 부분 100그램당 그램수

(출처 : 조시에이요대학출판부 「식품성분표 2012」)

참깨의 꽃 · 열매 · 씨앗

(제공 : 니혼마츠농원)

금참깨라는 것도 있는데,
향이 좋아서 고급 요리에 쓰여

16 자운영을 대신할 '풋거름'은?

유채꽃은 십자화과 식물이다. 원산지는 유럽으로, 전 세계에서 재배된다. 이른 봄, 노란 꽃이 밭 곳곳을 뒤덮으며 피면 봄이 왔음을 일찍이 알 수 있다. 유채꽃은 관광 자원으로서도 기여하고 '깔끔하고 향수를 불러일으키는 맛'으로 형용되는 꿀을 채취할 수 있다.

유채꽃은 풋거름으로도 유용하다. 4월 초까지 크게 자라는 꽃의 잎과 줄기를 모내기 전에 흙에 섞어 두면 비료가 된다. 즉, 풋거름이란 말은 녹색 식물이 비료가 된다는 말로 화학비료에 의존하지 않고도 땅을 기름지게 만들었다.

예전에는 모내기 전의 밭에 자운영이 자랐다. 콩과인 자운영은 뿌리에 붙어 있는 작은 알갱이 속에 사는 뿌리혹박테리아가 공기 중 질소를 재료로 삼아 질소 비료를 만든다. 따라서 자운영은 잎이나 줄기에 질소가 많이 함유되어 있다. 그 잎과 줄기를 모내기 전에 논에 섞어 두면 질소가 스며들어 땅이 기름져진다. 그래서 오랫동안 자운영은 '풋거름의 대표 식물'로 사용되었다. 하지만 최근에는 모내기가 기계화되어 작은 벼의 모종을 일찍 심게 되었다. 따라서 섞어 넣는 자운영이 크게 성장하기까지 기다릴 수 없게 되었다.

그래서 자운영을 대신해 더욱 성장이 이른 유채꽃이 '풋거름의 대표'가 되고 있다. 유채꽃은 뿌리혹박테리아가 질소를 만들어 주는 식물은 아니지만 모내기 전에 크게 성장하므로 잎이나 줄기가 풋거름으로서 도움이 되는 것이다.

유채꽃 프로젝트

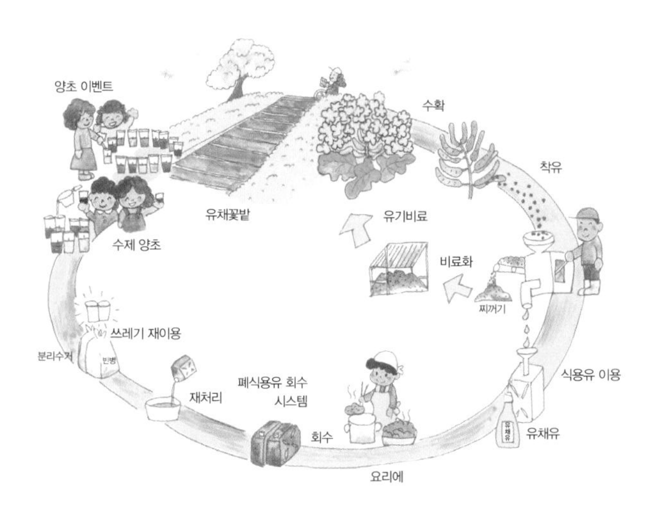

(제공 : 오사카부 영큐호지 녹지)

유채꽃은 관광자원이나 '풋거름'으로서 도움이 되기 위해 재배되는데, 씨앗으로는 '유채유'를 짤 수 있다. 기름을 짜고 남은 찌꺼기는 비료가 된다. 또한 사료로도 이용된다. 유채유는 기름을 튀기는 데 사용된 후 회수되어 버스나 트럭의 디젤 엔진을 움직이는 연료로도 사용된다. 이를 바이오 디젤 연료라고 한다.

17 새싹 채소 중에서 '가장 인기 있는 것은?'

최근에는 갓 발아한 싹을 먹는 '발아 채소'가 새싹 채소라고 불리며 인기를 끈다. 씨앗은 발아할 때 저장하고 있던 양분을 이용해 당이나 단백질 등의 물질을 만든다. 그래서 발아를 시작한 싹은, 씨앗 때보다 다양한 영양소를 풍부하게 함유하고 있어서 건강에 좋다.

새싹 채소라는 말이 새로운 식재료처럼 느껴지지만 실은 예전부터 있던 '발아 채소'를 다르게 부르는 말이다. 발아 채소는 빛을 비추는 것과 비추지 않는 것이 있는데 대표적으로 빛을 비추며 키우는 무순과 비추지 않는 콩나물이 있다. 최근에는 해바라기, 겨자, 청차조기, 메밀, 알팔파 등 종류도 많아지고 있다. 그중 가장 인기 있는 것은 브로콜리다. 브로콜리는 무나 배추와 같은 유채과 식물로, 원산지는 이탈리아를 중심으로 한 지중해 연안이다.

인기의 비결은 1992년에 설포라판이라는 성분이 브로콜리에 많이 포함되었다는 사실이 발견된 것이다. 이 물질은 '발암물질의 독성을 없애고 발암물질을 체외로 배출한다'고 한다. 브로콜리는 발아 채소로서뿐 아니라 자란 후에도 훌륭한 녹황색 채소로서 우리의 건강에 도움을 준다. 녹황색 채소라고 하면 색이 진한 채소를 떠올린다. 그래서 굵고 흰 줄기(화경이라고 함)로는 상상하기 어렵지만 브로콜리는 엄연히 녹황색 채소다.

녹황색 채소는 '카로티노이드류를 많이 포함하는 색이 진한 채소'를 이르는 말이다. 이전에는 '먹을 수 있는 부분 100g당 카로틴 600μg(마이크로그램) 이상을 포함한 채소'로 정해져 있었다.

브로콜리는 100g당 720μg이나 되는 카로틴을 함유하므로, 이전부터도 엄연한 녹황색 채소였다.

여러 가지 식용 새싹

(제공 : 무라카미농원)

브로콜리는 초록색 봉우리만 있는
채소인데 키우면 꽃이 필까?

봉오리를 키우면 같은
유채과 식물인 무나 배추
꽃과 꼭 닮은 꽃이 펴

COLUMN

조릿대에 들쥐가 들끓는다?

'조릿대 꽃이 피면 들쥐가 들끓는다'고 한다. 진짜일까?

1970년, 좀처럼 꽃을 피우는 일 없는 조릿대의 일종인 네자사(ネザサ)가 간사이 지역에서 꽃을 피웠다. 이 조릿대는 꽃을 피운 후 쌀알보다 통통한 씨앗이 벼 이삭처럼 달린다.

조릿대나 대나무는 '60년, 혹은 120년을 주기로만 꽃을 피운다'고 한다. 따라서 씨앗을 구할 기회는 거의 없다. 그래서 그해 씨앗을 모으기로 했다. 그런데 씨앗은 '탈립성'이라는 놀라운 성질을 지니고 있었다. 씨앗을 채취하려고 식물을 만지면 그 진동으로 씨앗이 땅으로 흩어져버리는 것이었다.

낙엽이나 마른 풀이 있는 지면에 떨어진 씨앗을 모두 주워서 먹는 것은 대단히 힘든 일이다. 그래서 인간이나 동물 대부분이 이 씨앗을 식량으로 삼기는 쉽지 않다. 식물을 만지면 뿔뿔이 씨앗이 땅으로 흩어져 떨어지는 것은 '씨를 먹는 것으로부터 자신을 보호하기 위한 성질'이라 할 수 있다.

하지만 자연에는 다양한 생물이 있다. 생물의 세계란 빈틈이 없어서, 지면으로 떨어진 씨앗을 기어 다니면서 먹을 수 있는 들쥐가 있다. 들쥐에게는 쌀알보다 통통한 조릿대 씨앗은 만찬인 것이다.

그래서 '조릿대가 일제히 개화하면 그 열매를 식량으로 삼는 들쥐가 들끓는다'는 기록이 남아 있는 것이다.

제4장

씨앗의 광감각

1장에서 소개했듯, 수많은 종류의 식물 씨앗은
빛이 닿으면 발아한다. 심지어 씨앗은 보통 빛에 포함되는
여러 가지 색의 빛을 구별할 수 있다.
4장에서는 그 구조가 어떻게 밝혀졌는지를 되짚으면서
씨앗의 빛이 색을 구별하는 원리를 소개하겠다.

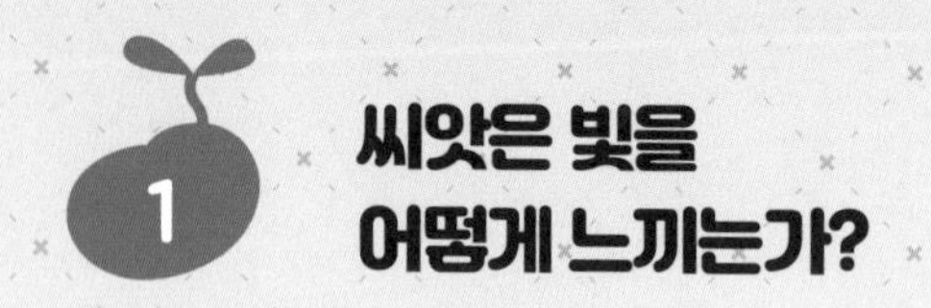

1 씨앗은 빛을 어떻게 느끼는가?

1장에서 소개했듯, 수많은 종류의 씨앗은 캄캄한 곳에서는 발아하지 않고 빛이 닿으면 발아한다. 이는 씨앗이 '어두운 곳'과 '밝은 곳'을 식별하고 있음을 뜻한다.

빛이 닿은 곳에서 씨앗은 빛을 느낀다. 그러려면 씨앗은 빛을 느끼는 물질을 지녀야 한다. 그렇지 않으면 빛을 느낄 수 없다.

잎은 광합성을 위해 빛을 이용한다. 이때 빛을 느끼는 것은 클로로필(엽록소)이라는 빛을 흡수하는 물질이다. 클로로필은 엽록소라고도 불린다. 또한 우리는 눈으로 빛을 느끼기 때문에 눈에 로돕신이라는 물질을 지니는데, 이 물질이 빛을 흡수한다. 이처럼 빛을 느끼기 위해서는 빛을 흡수하는 물질이 필요하다.

그런데 '씨앗이 빛을 느낀다'고 해도, 씨앗에 특별한 물질이 함유되어 있다고는 도저히 상상하기 어렵다. 가령 빛을 느끼고 발아하는 양상추 씨앗을 가만히 관찰해봐도, 겉모습은 갈색이고 폭은 1mm, 길이는 4mm 정도 되는 크기의, 특별할 것 없는 모습을 하고 있다.

그러나 빛을 느끼고 발아하는 이상, 빛을 흡수시키는 물질을 지녀야만 한다. 흡수되지 않는 빛은 도움이 되지 않기 때문이다. 이는 빛이 어떤 반응을 일으키기 위한 원칙이다. 씨앗은 어떤 빛 흡수 물질을 지니고 있을까?

이 물질을 찾기 위해서는 '그 물질이 무슨 색의 빛을 잘 느끼는가' 등과 같은 정보가 필요하다. 그래서 연구자들은 '발아에 빛을 필요로 하는 씨앗은 어떤 색 빛을 느끼고 발아하는가'하는 의문을 조사하기로 했다.

빛을 느끼고 발아하는 씨앗

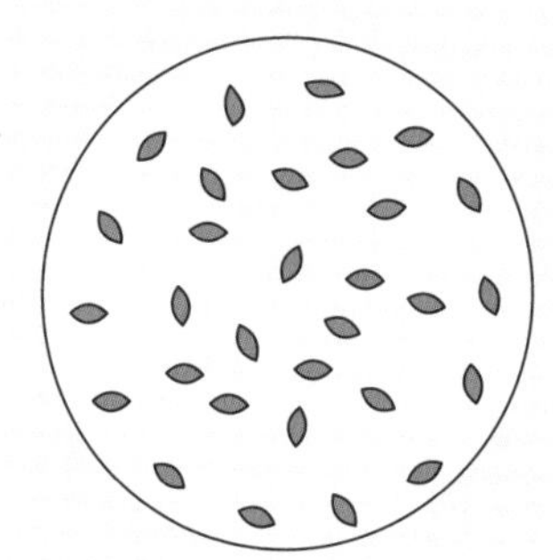
빛이 닿지 않으면?

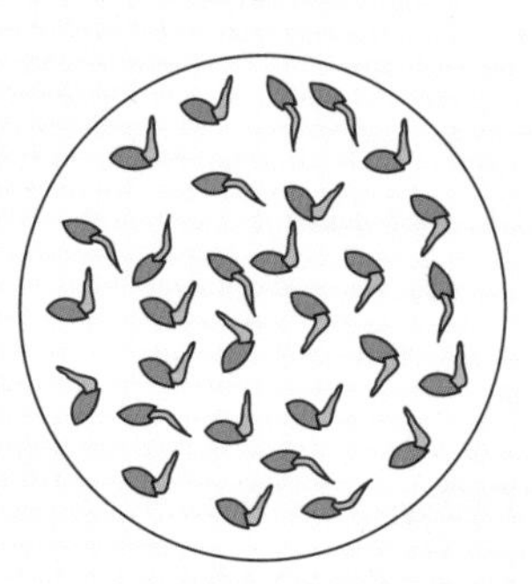
빛이 닿으면?

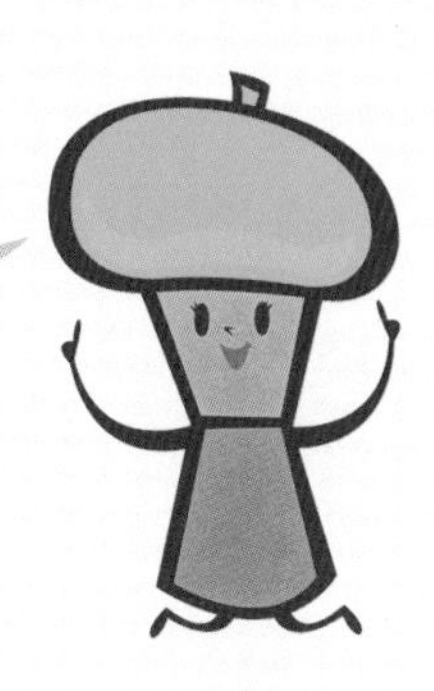
빛이 발아를 일으키기
위해서 그 빛은
흡수되어야 하는구나

2 태양광에는 원적색광이 포함된다

우리가 '빛이 닿으면 씨앗은 발아한다'고 했을 때 '빛'은, '일반적인 빛'이다. '일반적인 빛'이란 '백색광'이라 불리는데 태양광이나 형광등, 백열구의 빛 등이 백색광이다.

백색광에는 다양한 색의 빛이 포함되어 있다. 무지개에서 볼 수 있듯 대략 일곱 가지 색이 포함된다. 보라, 남색, 파랑, 초록, 노랑, 주황, 빨강 등 일곱 가지 색상이다. 프리즘으로 나누어 보면 보라색부터 조금씩 푸른빛을 띠다가, 녹색에서 노란빛을 띤 후 붉은빛을 더하는 식으로 일곱 가지의 색이 나란히 보인다.

식물은 일곱 가지 색의 빛 외에 또 하나, 태양광에 포함되는 원적색광이라는 빛을 느낀다. 원적색광이란 생소한 이름은 우리에게 보이지 않지만 식물에게 중요한 색의 빛이므로 알아두기 바란다.

노란색이 붉은빛을 띠며 주황색이 되고, 붉은색을 더하며 빨강이 된 후 우리 인간에게는 잘 보이지 않는 어두운 붉은색 빛이 된다. 이 빛이 바로 원적색광이다. '근적외광'이라고 표현되기도 하지만, 최근에는 원적색광이라는 말을 사용하는 추세다.

1935년에 미국 스미스소니언 연구소에서 플린트와 맥앨리스터라는 두 연구자가 '무슨 색 빛이 발아에 가장 좋은가?'를 알고자 했다. 그들은 백색광을 프리즘을 통해 무지개처럼 일곱 가지의 색으로 나누었다. 그리고 각각의 색깔 아래 씨앗을 나란히 놓고 무슨 빛이 닿으면 발아가 일어나는지 조사했다. 적색광 옆인 원적색광의 위치에도 씨앗을 놓았다.

백색광에 포함된 색의 빛

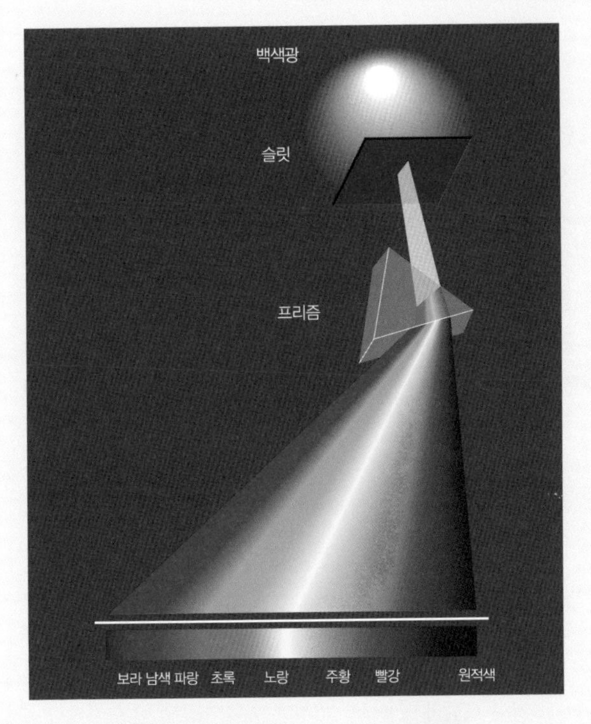

적색광보다 오른쪽에
있는 검붉은 빛을
'원적색광'이라고 해

3 발아를 촉진하는 빛의 색은?

플린트와 맥앨리스터가 사용한 양배추 씨앗은 빛에 매우 민감하게 반응하며, 발아 여부를 결정한다. 온도 30℃에서 실험하면 빛이 닿지 않는 암흑에서 씨앗은 절대 발아하지 않는다. 하지만 빛을 비춰두면 물을 준 지 24시간 후에는 발아한다. 플린트와 맥앨리스터는 다양한 색의 빛을 비추기 전에 어둠 속에서 물을 흡수한 모든 씨앗에 약한 빛을 비추었다. 이렇게 실험해 사용되는 씨앗의 약 절반이, 캄캄한 어둠 속에서도 발아되도록 했다.

같은 품종의 양상추 씨앗이라도 씨앗마다 성질은 조금씩 다르다. 빛에 매우 민감하게 반응하여 발아하는 것과 빛에 조금 둔감해서 약한 빛에서는 발아하지 않는 것도 있다.

따라서 '무슨 색 빛이 발아에 가장 좋은가'를 알기 위한 실험을 할 때는 같은 색을 비추는 씨앗이 한 개여서는 안 된다. 같은 색을 비추는 한 개의 페트리 접시에 수많은 씨앗을 흩뿌려 놓아야 한다. 가령 100개의 씨앗을 뿌려두고, 몇 개의 씨앗이 발아하는가를 조사하는 것이다.

양상추의 씨앗은 빛을 전혀 비추지 않으면 발아가 일어나지 않는다. 하지만 어느 정도 이상의 백색광을 비추면 100알 대부분이 발아한다. 빛이 닿으면 발아하는 성질이 있기 때문이다. 그보다 조금 약한 빛을 비추면 100알 중 빛에 민감한 씨앗은 발아하지만, 빛에 둔감한 씨앗은 발아하지 않는다. 100알당 몇 알의 씨앗이 발아했는지를 나타내는 데 '발아율'이 사용된다.

발아율 구하는 방법

$$\text{발아율(\%)} = \frac{\text{발아한 씨앗의 개수}}{\text{실험에 사용한 씨앗의 개수}} \times 100$$

100개 중 100개가 발아하면 발아율은 100%로 표현돼. 100개 중 90개가 발아하면 발아율은 90%지
100개 중 약 50개가 발아하면 발아율은 약 50%가 되는 거네

4 발아를 촉진하는 빛, 발아를 저해하는 빛

먼저 실험을 앞두고 '왜 실험 전에 약 절반의 씨앗이 발아하도록 둔 걸까?' 하는 의문이 들 것이다. 그것은 발아를 저해하는 색의 빛을 찾기 위해서다.

먼저 다양한 색의 빛을 비추어서 씨앗이 발아하는지를 확인한다. 이때, 약 절반의 씨앗이 발아한 상태가 아니어도 발아를 촉진하는 색의 빛을 찾을 수 있다. 발아를 촉진하는 색의 빛이 닿으면 발아가 일어나기 때문이다. 그러나 약 절반의 씨앗이 발아한 상태가 아니면 발아를 저해하는 색의 빛을 찾아낼 수가 없다. 가령 '어떤 색의 빛을 비추면 아무것도 발아하지 않았으므로 발아율이 0%였다'는 결과를 얻었다고 치자.

이 경우 두 경우를 생각할 수 있다. 하나는 이 색의 빛이 발아에 관여하지 않기 때문에 발아가 일어나지 않았을 가능성이다. 다른 하나는, 이 색의 빛이 발아를 적극적으로 저해했을 가능성이다.

만약 실험에 사용하는 씨앗의 절반이 발아한 상태라면 이 두 가능성을 구별할 수 있다. 이 빛이 발아에 관여하지 않는다면 발아를 저해하지도 않을 것이다. 그러므로 약 절반의 씨앗이 발아하게 되고, 발아율은 50%가 된다. 한편, 이 빛이 발아를 저해해서 발아하지 않은 것이라면 발아율은 더 낮아질 것이다.

플린트와 맥앨리스터의 실험 결과는 그림과 같았다. 빨간색 빛이 닿으면 발아가 촉진되고, 원적색광을 비추면 발아가 저해된다는 사실을 알았다.

파란색 빛은 원적색광만큼은 아니지만, 발아를 약간 저해했다. 씨앗은 밝은지 어두운지만 구별하는 것이 아니라, 무슨 색의 빛이 닿았는지도 구별하는 것이다.

그 후, 적색광이 발아를 촉진하는 경우나, 원적색광이 발아를 저해하는 경우는, 빛을 오랜 시간 비춰두고도 그 빛의 효과가 나타나는 것으로 밝혀졌다. 즉 3분이나 5분 등 아주 짧은 시간 비추는 것만으로도 빛은 씨앗의 발아를 촉진하기도, 저해하기도 하는 것이다.

플린트와 맥앨리스터의 실험결과

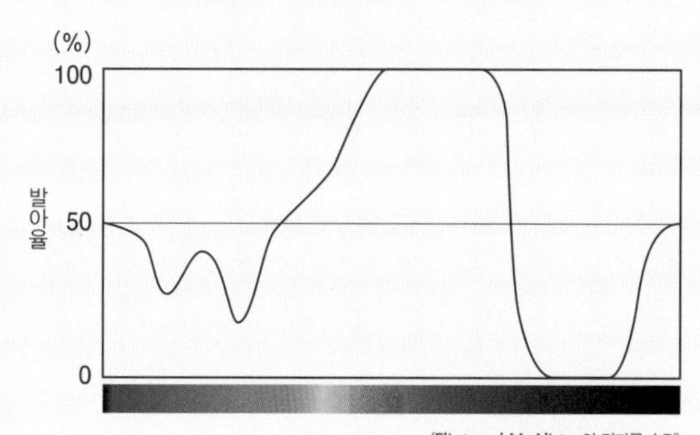

(Flint and McAlister의 결과를 수정)

적색광에서 촉진,
원적색광에서 저해되는구나

5 신기한 현상

앞에서 설명했듯 적색광은 씨앗에 몇 분 동안 조사한 것만으로 발아를 촉진한다. 마찬가지로 원적색광은 씨앗에 몇 분간 조사한 것만으로 발아를 저해한다. 이를 알게 된 미국의 연구자 그룹이 기묘한 생각을 떠올렸다.

'발아를 촉진하는 적색광과 발아를 저해하는 원적색광을 번갈아 몇 분씩 씨앗에 비추면 발아할까, 하지 않을까?'라는 의문이었다. 실제로 조사해보니 신기한 결과가 나왔다.

실험은 양상추 그랜드래피즈라는 품종의 씨앗을 준비해 캄캄한 어둠 속에서 물을 흡수시킨 후 실시되었다. 이 품종의 씨앗이 발아하려면 빛이 필요하기에 캄캄한 어둠 속에서는 발아하지 않는다.

우선 씨앗에 수분을 흡수시킨 후 발아를 촉진하는 적색광을 1분간 쪼였다. 그 후에는 암흑으로 만들어도 물을 흡수시키기 시작한 지 50시간 후에는 대부분 씨앗이 발아했다. 적색광은 발아를 촉진하는 빛이므로 이상한 일이 아니다.

그런데 1분간 적색광을 쪼인 후에, 연이어 원적색광을 4분간 쪼인 씨앗을 암흑 속에 두면 물을 흡수시키기 시작한 지 50시간이 지나도 대부분 발아하지 않았다. 맨 처음 쪼인, 발아를 촉진하는 적색광의 효과를 거의 볼 수 없는 것이다.

그래서 적색광을 쪼인 후, 연이어 원적색광을 4분간 쪼이고, 다시 한번 적색광을 1분간 쪼여서 그대로 암흑에 두었다. 그러자 물을 흡수시키기 시작한 지 50시간 후에는 대부분 씨앗이 발아했다.

적색광을 쪼인 후, 연이어 원적색광을 4분간 쪼이고, 다시 발아를 촉진하는 적색광을 1분간 쪼인 후, 그 후 다시 발아를 저해하는 원적색광을 4분간 쪼였다. 광원을 완전히 차단한 지 약 50시간 후 결과를 보니, 대부분 씨앗이 발아하지 않았다.

이상의 결과로부터, 발아를 촉진하는 적색광을 쪼이면 발아는 촉진된다는 사실을 알 수 있다. 또한 적색광을 쪼인 후에 발아를 저해하는 원적색광을 쪼이면 발아는 저해된다. 그러나 원적색광을 쪼인 후 다시 적색광을 쪼이면 발아가 촉진된다.

이 반복은 몇 번이건 일어난다. 적색광과 원적색광의 효과는 몇 번이 반복되건 서로를 지우고, 마지막에 쪼인 빛이 적색광이라면 발아가 촉진되고, 원적색광이라면 발아는 저해된다.

신기한 실험 결과

비춘 빛	발아율(%)
R	70
R–FR	6
R–FR–R	74
R–FR–R–FR	6
R–FR–R–FR–R	76
R–FR–R–FR–R–FR	7
R–FR–R–FR–R–FR–R	81
R–FR–R–FR–R–FR–R–FR	7

(Borthwick et al.의 결과를 수정)

마지막으로 비춘 빛이 적색광(R)이면 발아가 촉진되고 원적색광(FR)이면 발아는 저해돼

6 씨앗이 지니는 빛을 느끼는 물질은?

앞의 실험 결과를 설명하기 위해서 씨앗 속에 존재하는 색소가 어떤 성질을 지녀야 하는지가 검토되었다. 그리고 실험을 진행한 연구진은 이들 결과를 모순 없이 설명하기 위해서 씨앗 속에 존재하는 빛을 흡수하는 물질은 세 가지 성질을 지녀야 한다고 생각했다. 세 가지 성질은 다음과 같다.

① 이 물질에는 적색광을 즐겨 흡수하는 적색광 흡수형(Pr)과 원적색광을 즐겨 흡수하는 원적색광 흡수형(Pfr)이라는 두 가지 유형이 있다.
② 이 두 유형은 서로 변환한다. Pr은 적색광을 잘 흡수하고 흡수하면 Pfr로 변한다. Pfr은 원적색광을 잘 흡수하고 흡수하면 Pr로 변한다.
③ 발아를 촉진하는 것은 붉은색을 즐겨 흡수하는 유형이 아니라 적색광이 닿음으로써 만들어지는 Pfr이다. 적색광을 즐겨 흡수하는 Pr은 발아를 촉진하지 않는다.

이들 세 가지 성질을 지닌 물질이 씨앗 속에 존재한다고 가정하면, 앞선 실험 결과를 순순히 이해할 수 있다. 오른쪽 페이지의 그림에서 확인해 보자.

양상추의 씨앗에 적색광을 비추면 P가 Pfr로 바뀌어, 씨앗 속에 Pfr이 증가한다. 이는 발아를 촉진한다. 따라서 발아가 일어난다.

하지만 적색광을 쪼인 직후에 원적색광을 쪼이면 적색광을 맞고 만들어진 Pfr이 Pr로 돌아가 버리기에 Pfr이 없어진다. 그렇게 되면 발아는 일어나지 않는다. 다시 한번 적색광을 비추면 씨앗 속 Pr이 Pfr로 변하고, Pfr이 증가한다. 그러면 발아가 일어난다.

이 Pr과 Pfr의 변환은 반복적으로 몇 번이고 일어난다. 결국 마지막 쪼인 빛이 적색광일 때는 발아하고, 원적색광일 때는 발아하지 않는 것이다.

이러한 성질이 있으면 마지막에 쪼인 빛의 색에 따라 발아 여부가 결정된다는 사실을 잘 이해할 수 있다. 매우 정교한 예상이었으나, 1959년에는 실제로 이 성질을 지닌 색소가 발견되어 피토크롬이라고 명명되었다. '피토'는 식물을, '크롬'은 색소를 뜻한다. 따라서 피토크롬이란 '식물의 색소'라는 말이다.

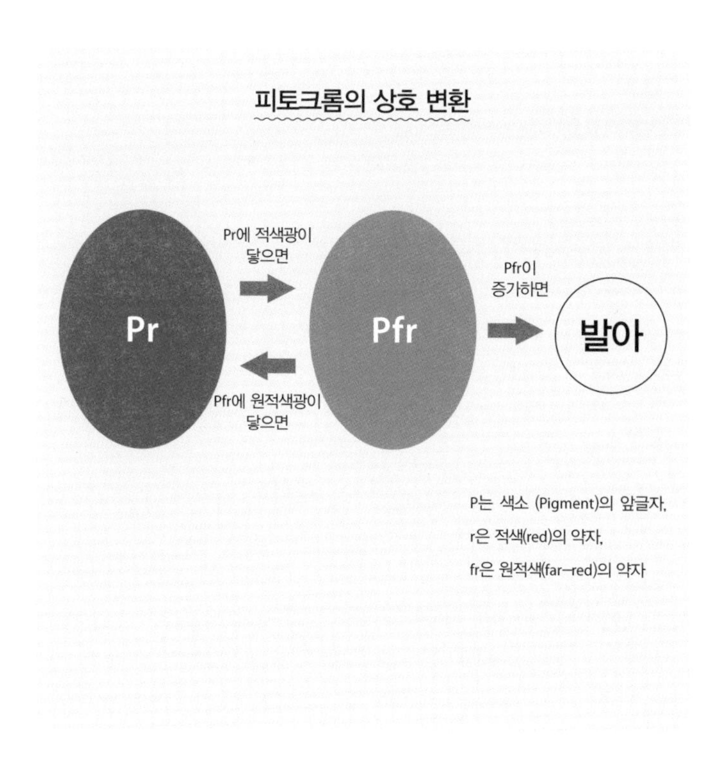

7 씨앗은 암흑을 느낀다

대부분의 씨앗은 암흑 속에서 발아하지 않는다. 그러나 빛이 닿으면 발아한다. 이유는 씨앗 속의 피토크롬이 빛을 느끼기 때문이다.

그렇다면, '암흑 속에서 씨앗이 발아하지 않는 것'은 피토크롬과 관계가 있을까? 씨앗이 빛을 느끼는 '눈'은 피토크롬이므로, 암흑 속에서 발아하지 않는 것도 피토크롬의 성질로 설명된다. 피토크롬이 실재한다는 사실을 알게 된 후, 그때까지 밝혀졌던 세 가지 성질에 더해, 중요한 두 가지 성질이 추가로 밝혀졌다.

하나는 피토크롬에는 Pr과 Pfr이라는 두 가지 유형이 있는데, 씨앗 속에 가장 먼저 만들어지는 것은 Pr로 정해져 있다는 사실이다. 따라서 빛이 닿지 않는 한 씨앗 속에 Pfr은 존재하지 않는다. 이 상태로는 빛이 닿지 않는 한 씨앗은 발아하지 않는 것이다. 씨앗 속에 Pfr이 존재하지 않으면 그 씨앗은 암흑 속에 있게 된다. 발아를 촉진하는 Pfr이 존재하지 않는 암흑에서 씨앗은 발아하지 않는다.

두 번째는 발아를 촉진하는 Pfr이 암흑 속에서 서서히 Pr로 변화하거나, 또한 소실하거나 하는 성질이다. 이 성질은 장시간 암흑 속에 있으면 Pfr이 존재하지 않는다는 것을 뜻한다. 이 성질 또한 암흑 속에서 씨앗이 발아하는 것을 막는다.

'씨앗이 생길 때 부모 식물로부터 Pfr을 받음으로써 씨앗 속에 애초에 Pfr이 존재한다'는 가능성도 생각할 수 있다. 그러나 부모 식물로부터 Pfr을 받은 경우에도 암흑 속에서는 발아를 촉진하는 Pfr이 오래 존재하지 않는다. Pfr은 암흑 속에서 서서히 Pr로 변하거나, 소실하는 성질이 있기 때문이다.

따라서 암흑 속에서는 씨앗이 발아하지 않는다.

피토크롬이 지닌 두 가지 성질이 자연 속에서 씨앗이 암흑에서 발아하는 것을 막는 것이다.

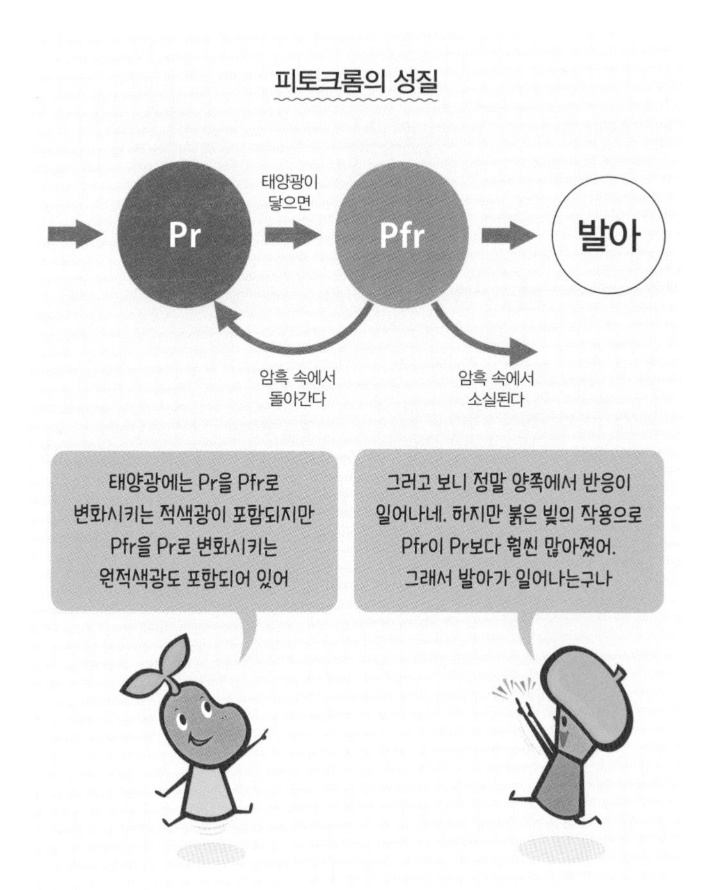

8 광합성에 도움이 되지 않는 빛은?

씨앗이 발아하려면 빛이 닿아야 한다. 그러나 '빛이 닿기만 하면 되는 것'도 아니다. 빛이 닿아도 발아해서는 안 되는 빛의 색이 있기 때문이다. 그런 색의 빛이 닿는 곳에서는 씨앗은 발아하지 않는 시스템을 지니고 있다.

수많은 씨앗이 발아할 때 빛이 필요한 이유는 발아 후의 광합성에 사용할 수 있는 빛의 존재를 확인하기 위해서다. 광합성에 도움이 되지 않는 빛은 발아하는 의미가 없다.

'식물의 잎이 무슨 색 빛을 흡수하는가'를 나타내는 것은 오른쪽 페이지의 위쪽 그림이다. 가로축은 다양한 빛, 세로축이 흡수되는 양이다. 흡수율이 높은 색일수록 잎에 잘 흡수된다는 것을 뜻한다. 이때, 원적색광이 그다지 흡수되지 않는다는 사실을 알 수 있다.

아래 그림은 '무슨 색이 광합성에 도움이 되는가'를 나타낸다. 가로축이 다양한 빛, 세로축은 광합성 속도다. 흡수율이 높은 색의 빛일수록 광합성에 유효하게 작용하는 것을 나타낸다. 원적색광은 광합성에 거의 쓰이지 않는다.

위쪽 그림에서 '청색광과 적색광이 잘 흡수되고 원적색광은 잘 흡수되지 않는다'는 사실을 알 수 있다. 아래쪽 그림은 '청색광과 적색광이 광합성에 도움이 되고 원적색광은 도움 되지 않는다'는 사실을 나타낸다. 이 두 그림에서 '잎에 흡수되는 청색광과 적색광이 광합성에 이용되며, 잎에 흡수되지 않는 원적색광은 광합성에 이용되지 않는다'는 사실을 알 수 있다.

태양에서 지상으로 도달하는 빛은, 광합성에 도움이 되는 청색과 적색광 외에도 원적색광과 같은 광합성에는 도움이 되지 않는 빛도 포함된다. 식물의 잎은 광합성에 도움이 되는 빨강이나 파랑 빛을 흡수하고, 불필요한 원적색광을 투과시키는 것이다.

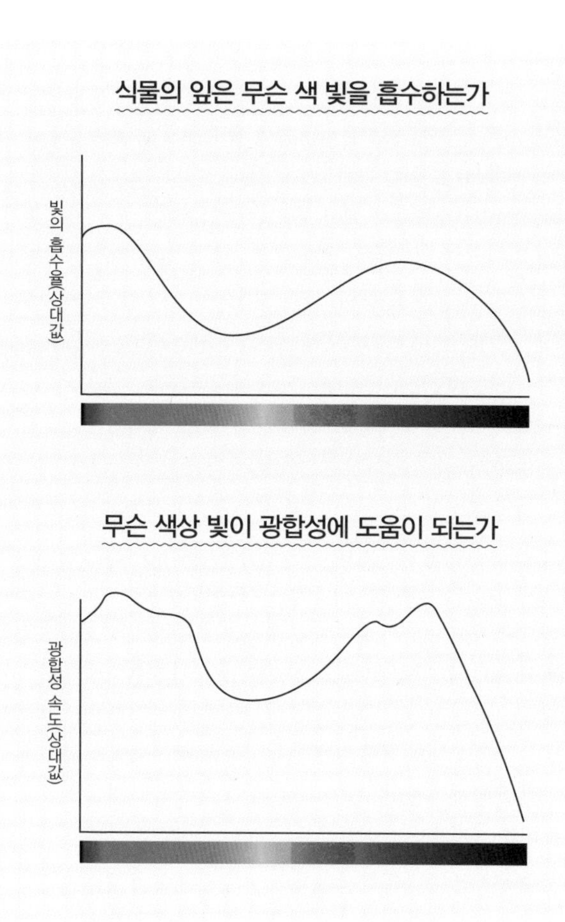

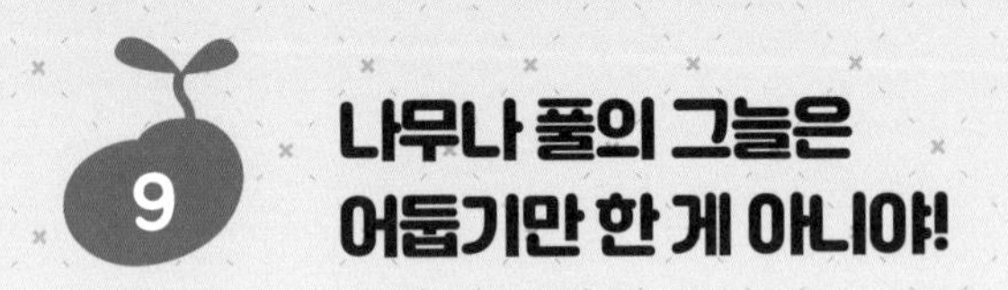

9 나무나 풀의 그늘은 어둡기만 한 게 아니야!

잎은 광합성에 유효한 청색광과 적색광을 흡수한다. 따라서 태양 빛은 잎을 투과할 때마다 광합성에 유효한 빛이 흡수된다. 그 결과 같거나 다른 종류의 식물이라 해도, 잎이 많이 우거진 곳과 씨앗이 위치한 지표면에 도달한 빛에는, 광합성에 도움이 되는 청색광이나 적색광은 거의 포함되지 않는다. 원적색광은 잎에 흡수되지 않으므로 그대로 통과한다. 그래서 잎이 많이 우거진 곳에서는 원적색광이 많이 포함되는 빛이 지표면에 도달하는 것이다.

지표면에 있는 씨앗은 원적색광을 다량 포함하는 빛을 통해 '나는 무성한 잎 아래에 있구나'를 알게 된다. 그래서 '발아해도 광합성에 필요한 빛이 나에게 닿지 않겠구나'라는 사실을 발아 전에 아는 것이다. 그런 경우, 씨앗은 발아를 하지 않는다.

나무나 풀의 그늘에서는 씨앗이 잘 발아하지 않는다고 한다. 그 이유를 '나무나 풀의 잎으로 그늘져서 어두우니까'라고 생각하기 쉽다. 하지만 그것만은 아니다. 우선 광합성에 이용할 수 있는 적색광이나 청색광이 적기 때문이다. 게다가 그런 지표면에는 발아를 억제하는 원적색광이 많이 도달한 상태다.

반대로 지표면의 풀을 태워 없애거나, 나무를 베어 버리면 많은 씨앗이 발아한다. 씨앗은 원적색광이 많이 닿는 지표면에서 발아의 기회를 노리며 기다리고 있다. 원적색광이 많이 닿는 지표면에서 발아하지 않는 것은 식물의 현명한 선택이다.

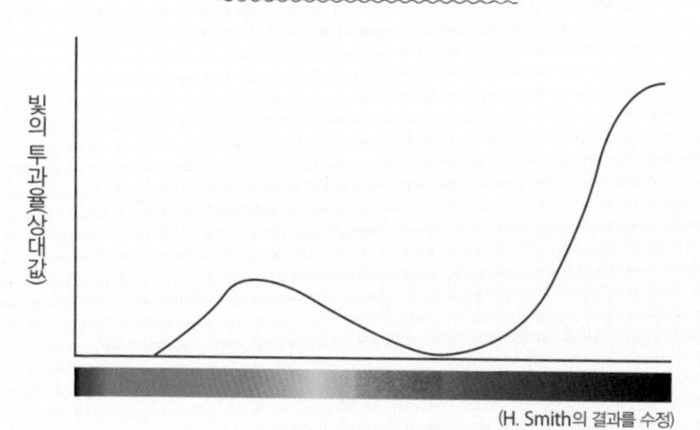

(H. Smith의 결과를 수정)

지면에 도달하는 빛

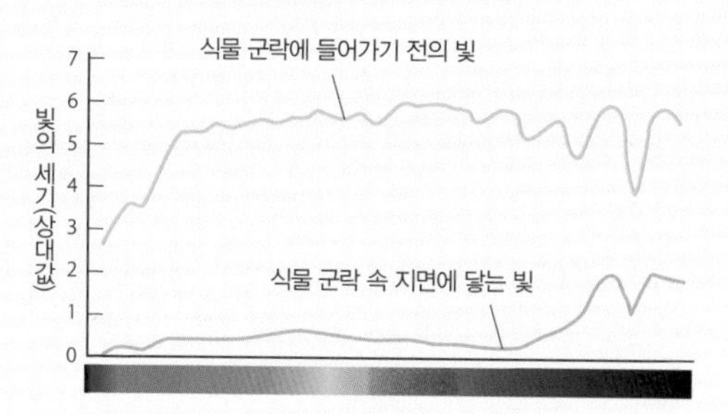

(M. G. Hoimes and H. Smith의 결과를 수정)

잎이 우거진 곳에서는 청색광이나 적색광이 잘 도달하지 못해. 대신 발아를 저해하는 원적색광이 많이 닿아

10 적색광이 청색광보다 더 좋은가?

잎은 청색광과 적색광을 잘 흡수하고, 두 빛은 광합성에 도움을 준다. 특히 적색광이 닿으면 씨앗은 발아한다.

씨앗은 잎과 마찬가지로 적색광을 좋아한다. 적색광이 비칠 때 발아가 촉진되는 것은, 적색광이 식물에 잘 흡수되어 광합성에 이용되기 때문이다. 이는 식물에 유리한 성질이다.

발아한 싹에 닿는 빛은 잎에 흡수되어 광합성을 하는데 이용된다. 그러므로 싹은 무사히 자랄 수 있다. 그래서 적색광이 비치면 씨앗은 '싹을 틔워도 광합성을 해서 살아갈 수 있겠구나' 하며 마음 놓고 발아하는 것이다.

정리하자면 씨앗이 발아하는 데 적색광이 유효한 이유는 '적색광은 광합성에 유효하므로 씨앗은 적색광이 비치면 광합성을 해서 살아갈 수 있다고 안심하고 발아한다'고 설명할 수 있다. 하지만 이렇게 생각하면 의문이 하나 떠오른다. 광합성에는 적색광과 함께 청색광도 유효하다. 그렇다면 '씨앗은 청색광이 닿았을 때도 안심하고 발아해도 좋지 않을까' 하는 의문이다.

광합성에 청색광과 적색광 모두가 유효한 것은 틀림없는 사실이다. 그러나 적색광에는 청색광에는 없는 또 하나의 중요한 작용이 있다. 바로 씨앗이 발아한 후 싹을 식물다운 형태로 만드는 작용이다.

가령 대부분 씨앗은 발아할 때 끝이 낚싯바늘처럼 구부러진 갈고리 형태로 발아한다. 이는 땅속에서 싹을 지키기 위한 모습이다. 만약 낚싯바늘처럼 구부러지지 않았다면 싹이 직접 흙을 밀어내면서 흙 속에서 위로 뻗어야만 한다.

낚싯바늘처럼 구부러져 있는 것은 싹이 흙을 밀어내고 자랄 때 두 장의 떡잎이 돋아난 부분에 있는 싹을 지키기 위해서다. 또한 싹이 지상으로 나와 식물다운 형태를 만들기 위해서 가장 중요한 부분이다.

갈고리 형태는 땅속에서는 도움이 되지만 지상으로 나오면 광합성을 하기 위해 곧게 뻗어야 한다. 갈고리 형태를 곧게 뻗게 하는 것이 바로 적색광의 작용이다. 청색광은 그런 작용을 하지 않는다. 따라서 적색광이 닿으면 씨앗은 마음 놓고 발아하는 것이다.

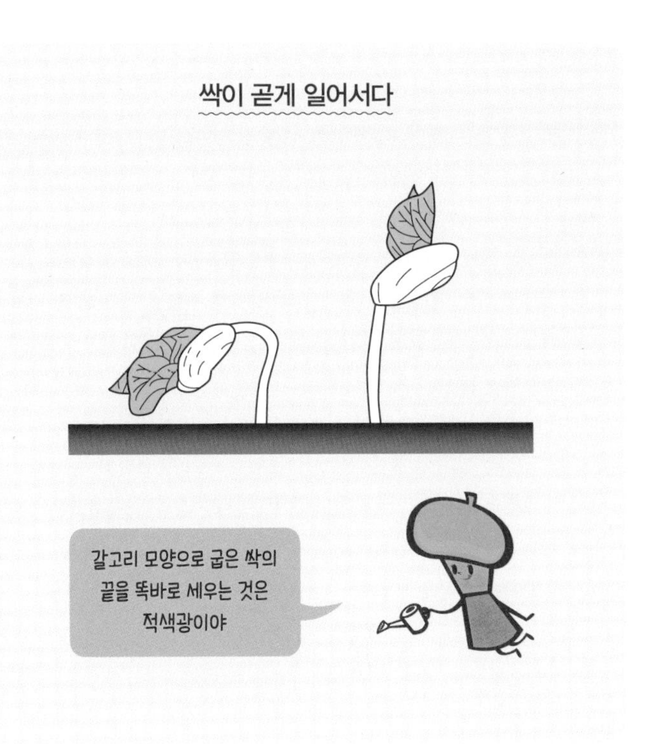

싹이 곧게 일어서다
갈고리 모양으로 굽은 싹의 끝을 똑바로 세우는 것은 적색광이야

COLUMN

씨앗은 담배 연기나 향기를 느끼는가?

‘양상추의 씨앗이 향기를 느끼는가’를 확인하기 위해 실험을 준비했다. 밀폐용기를 두 개 준비하고, 양쪽 모두에 양상추 씨앗을 넣어 그것이 발아할 수 있도록 물을 준 작은 접시를 넣는다.

한쪽 용기 안에는 녹나무 잎을 빻아 넣은 접시를 넣고 밀봉했다. 용기 안에는 녹나무 잎의 강한 향기가 가득하다. 다른 한쪽 용기에는 녹나무 잎을 넣지 않고 밀봉했다. 그 후, 빛이 비치는 따뜻한 장소에 두 용기를 모두 놓아두었다.

향기가 없는 용기 속 씨앗은 다음 날 발아했다. 그러나 녹나무 잎을 넣은 용기 속 씨앗은 며칠이 지나도 발아하지 않았다. 녹나무의 강한 향이 양상추 씨앗의 발아를 억제하는 것이다.

양상추 씨앗에 담배 연기를 쐰 적이 있다. 두 개의 밀폐용기 바닥에 물을 담은 여과지를 깔고, 각각 양상추 씨앗을 흩뿌린다. 그리고 한쪽 용기에만 담배 연기를 넣는다. 결과적으로 담배 연기를 쐰 씨앗이 쐬지 않은 쪽에 비해 발아가 눈에 띄게 늦었다. 그리고 매일 담배 연기를 불어넣자 발아는 며칠 동안이나 일어나지 않았다.

다음으로, 담배에 불을 붙이면 나오는 연기와 인간이 들이마셨다가 내뱉은 담배 연기 중 어느 쪽이 발아를 강하게 억제하는지를 알아보기도 했다. 결과적으로 두 가지 실험을 통해 향기와 담배 연기가 발아에 영향을 끼친다는 것을 알 수 있었다.

제5장

발아의 원리

씨앗은 껍질에 쌓여 있다.
딱딱한 껍데기에 덮여 있는 것도 있다.
하지만 발아할 때는 부드러운 싹과 뿌리가 껍질이나
단단한 껍데기를 뚫고 나온다. 5장에서는 발아하기 위해서
씨앗 속에서 어떤 일이 일어나는지를 소개하겠다.

1 씨앗의 구조와 발아

씨앗은 종피로 싸여 있다. 종피란, 글자 그대로 씨앗을 감싸는 껍질이다. 발아할 때는 부드러운 싹과 뿌리가 종피를 찢고 나온다. 발아할 때, 씨앗 속에서 어떤 일이 일어날까?

씨앗의 종류 중에는 영양이 배유(씨젖)라는 부분에 저장된 것이 있다. 벼, 보리, 옥수수, 감 등이다. 비유가 있는 씨앗이라는 의미로 유배유종자라고 불린다.

한편, 배유에 저장된 영양성분이 자엽으로 이동했기에 자엽이 크게 발달하고 배유가 퇴화된 씨앗이 있다. 대두, 완두콩, 강낭콩 등의 콩류, 나팔꽃, 밤 등이다. 이들 식물에는 배유가 거의 없기에 무배유종자라고 불린다.

유배유종자든 무배유종자든 뿌리나 싹이 종피를 찢고 나오는 때를 발아라고 한다. 발아가 일어나기 위해서는 뿌리나 싹, 줄기가 종피를 찢듯이 뻗어야 한다.

뿌리나 싹, 줄기는 세포에서 만들어진다. 발아라는 현상이 일어나기 위해서는 세포가 분열하여 수를 늘리는 동시에, 각각의 세포가 커져야 한다. 그러려면 에너지가 필요하다. 따라서 에너지원이 되는 물질이 필요하다. 또한 늘어나는 세포를 구성하기 위한 물질이 만들어져야 한다.

그러기 위해 씨앗 안에서는 발아를 향한 다양한 사건이 순서대로 진행된다.

무배유종자와 유배유종자

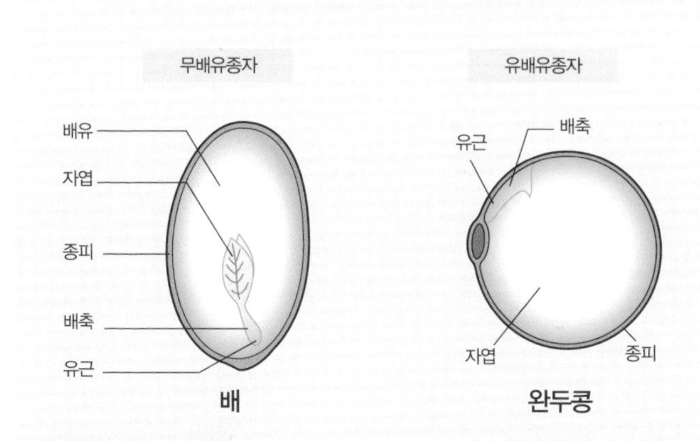

유배유종자	감, 벼, 보리, 옥수수 등
무배유종자	완두콩, 냉이, 대두, 땅콩 등

'배축'이 뭐야?
씨앗에서 발아한
식물의 자엽과 뿌리
사이 부분이야

2 셋으로 나눈 발아 과정

발아를 위한 준비는 씨앗이 물을 흡수하는 것에서 시작된다. 발아에 물이 필요한 것은, 발아에 필요한 세 가지 조건인 '적절한 온도, 물, 공기(산소)'에 물이 포함되어 있기에 이해할 수 있다.

발아할 씨앗에 적절한 양의 물을 주고 일정 시간마다 씨앗의 무게를 재본다. 그러면 오른쪽 그림처럼 씨앗의 무게 변화는 세 과정으로 나뉜다.

첫 번째, 시간 경과와 함께 씨앗의 무게가 급격히 증대한다. 두 번째, 무게가 변화하지 않는다. 세 번째, 변화가 없던 씨앗의 무게가 증가로 전환된다.

맨 처음 기간에는 흡수가 시작되어 씨앗의 무게가 급격히 늘어난다. 동시에 흡수되는 물에 의해 씨앗의 겉모습이 커진다. 많은 물이 흡수되는 이 기간을 흡수기라고 부른다.

그러나 잠시 시간이 지나면 씨앗의 무게가 늘어나지 않게 된다. 즉 물의 흡수가 멈춘 것이다. 이는 씨앗 속에 필요한 물이 채워졌다는 것을 의미한다. 씨앗 안에서는 흡수된 물을 이용해 발아를 위한 준비가 진행된다. 그래서 씨앗의 무게가 그다지 변화하지 않게 된 이 기간을 발아준비기라고 부른다.

이후 일정 시간이 지나면 다시 씨앗의 무게가 늘어나기 시작한다. 이때 종피를 찢고 싹과 뿌리가 나온다. 그러므로 싹과 뿌리가 성장하기 위해서 다시 흡수가 시작된 것이다. 이 기간을 성장기라고 부른다.

이상과 같이, 발아의 과정은 '흡수기', '발아준비기' '성장기'의 세 과정으로 나눌 수 있다. 각각의 기간은 식물의 종류에 따라 달라진다. 또한 어떤 조건에서 발아의 과정이 진행되느냐에 따라서도 달라진다.

씨앗의 무게 변화

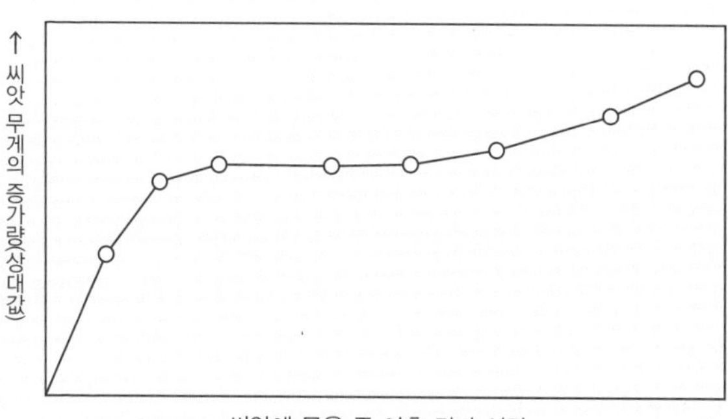

(Spragg and Yemm의 결과를 수정)

씨앗을 물에 담그고 시간의 흐름에 따라 무게를 잰 결과야

씨앗이 물을 흡수해서 무거워지는 기간, 그 다음으로 물을 거의 흡수하지 않는 기간, 다시 물을 흡수하기 시작하는 기간 등 세 기간으로 나눠지는구나

3 흡수기

씨앗을 발아시키려면 물이 필요하다. 실제로 발아가 일어나기 전에, 씨앗이 물을 자꾸만 빨아들여 커지고 무거워진다. 따라서 이 시기는 '발아를 위해 씨앗이 적극적으로 물을 흡수하고 있다'고 생각하기 쉽다.

하지만 그렇지 않다. 발아하기 전에 씨앗이 물을 흡수하는 현상을 물리적 흡수라고 부른다. '물리적'이라고 하는 이유는 '씨앗이 스스로 적극적으로 물을 흡수하는 것이 아니라 물이 멋대로 씨앗 속에 스며드는 것'이기 때문이다.

발아를 시작하기 전 씨앗은 말라 있다. 건조한 씨앗이 물과 접촉하면 물을 흡수한다. 즉 '물리적 흡수'는 마른 물체라면 씨앗이 아니더라도 물을 흡수한다는 뜻이다. 가령 마른 나무 조각을 물속에 집어넣으면, 나무 조각이 살아 있지 않은데도 물을 흡수하여 무거워진다. 물론 이 나무 조각에서 발아가 일어나는 일은 없다. 마른 나무 조각이 물을 흡수하는 것은 씨앗이 발아 초기에 물을 흡수하는 것과 마찬가지 현상이다.

발아를 위해 물을 준 씨앗은 발아를 향해 적극적으로 물을 흡수하는 듯 보인다. 따라서 발아가 일어나지 않는다고 주장하더라도 이것을 증명하라는 의견이 있을 수 있다.

이에 대한 증거는 여럿 있다. 우선 흡수는 발아할 능력이 없는 씨앗에서도 일어난다는 사실이다. 게다가 죽어버린 씨앗에서도 일어난다. 또한 발아하지 않는 휴면 중인 씨앗에서도 일어난다. 심지어 발아에 필요한 배아를 제거한 씨앗에서도 일어난다. 또한 발아가 일어나지 않도록 발아를 저해하는 물질을 주었을 때도 물을 흡수한다.

휴면 중 씨앗 무게 변화

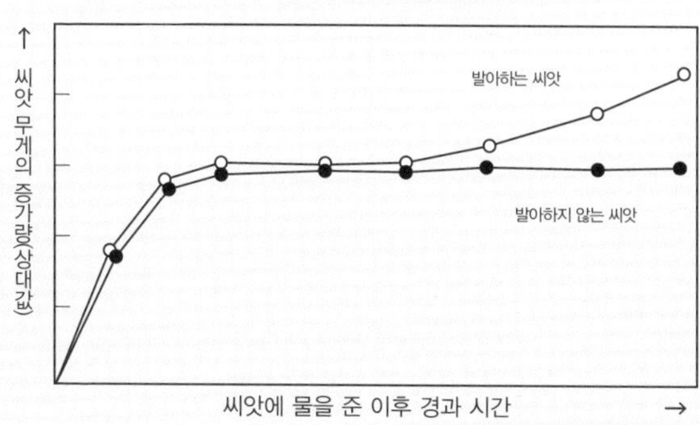

(Esashi and Leopold의 결과 수정)

발아에 앞서, 씨앗은 물을 흡수하지만 그 흡수는 발아하지 않는 씨앗에서도 일어난다고!

그저 마른 것에 물이 스며드는 것과 같은 현상이네

4 발아에 대한 온도의 영향

씨앗의 물 흡수가 물리적인 흡수라는 사실은 온도의 영향으로도 뒷받침된다. 일반적으로 생물적 현상은 일정 온도 범위 안이라면, 온도가 올라감에 따라 반응 속도도 올라간다.

가령, 호흡 등은 온도가 낮을 때보다 높을 때가 더욱 심해진다. 또한 10℃일 때보다 20℃일 때 광합성이 활발하게 일어난다. 줄기의 성장 속도도 10℃일 때보다 20℃일 때 더 빨라진다. 이런 반응은 살아 있는 식물이 행하는 생물학적 현상이다. 그런데 발아 초기 물 흡수 현상은 온도의 영향을 받은 것으로는 보이지 않는다. 만약 발아를 위해 씨앗이 적극적으로 물을 흡수한다면 온도의 영향을 받을 것이다.

가령, 발아에 적합한 따뜻한 온도라면, 발아 과정이 빨리 진행되므로 물 흡수는 신속히 이루어져야 한다. 그러나 물 흡수 속도와 양은 온도가 높아지든 낮아지든 거의 변화가 없다.

실험을 위해 25℃에서 발아하는 씨앗에 물을 줬다. 그러자 물을 흡수하는 것은 조건이 10℃든 25℃든 거의 똑같이 일어났다. 만약 씨앗이 발아를 위해 적극적으로 물을 빨아들이고 있었다면, 발아가 일어나지 않는 10℃보다도 발아하는 25℃에서 빠르게, 많은 물을 흡수해야 한다.

이러한 점에서 볼 때 흡수기의 물은 물리적으로 흡수되었음을 짐작할 수 있다. 그러나 그렇다 해도 씨앗 안에 흡수된 물은 발아를 위해 사용된다. 발아에 필요한 적절한 온도와 공기(산소)가 있으면, 흡수된 물은 발아를 위해 적극적으로 이용된다. 발아하는 씨앗 안에서는 흡수된 물을 이용해 발아를 위한 준비가 시작되는 것이다.

온도에 따른 물 흡수 속도의 차이

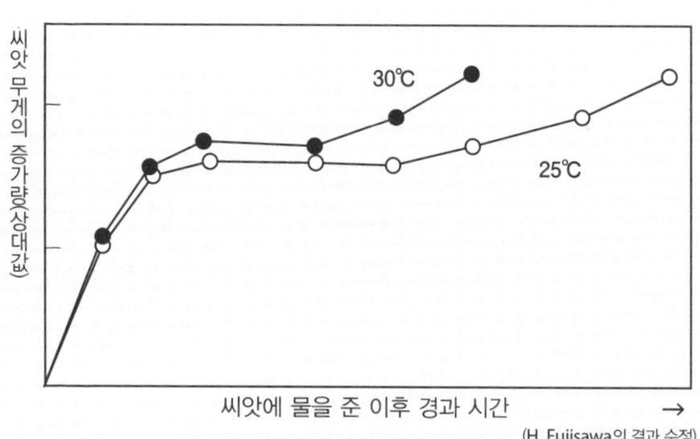

(H. Fujisawa의 결과 수정)

물을 흡수할 때는 그저
물이 스며들어 있는 것뿐이니
온도의 영향은 받지 않는구나

5 발아 준비기

발아 준비기는 흡수된 물을 이용해 발아를 준비하는 기간이다. 이미 충분한 물이 흡수돼서 더 많은 물을 빨아들일 필요가 없기에 씨앗의 무게는 증가하지 않는다. 이 기간은 발아하기 위해 필요한 에너지를 만들어내고, 싹과 뿌리를 형성하는 세포의 분열과 성장에 필요한 물질을 만들어내는 것이 필요하다. 그러기 위해서는 씨앗 속에 저장되어 있던 물질이 분해되어야 한다.

분해 과정은 인간과 마찬가지다. 인간에게는 에너지를 얻어서 세포 수를 늘리거나 세포를 크게 키우기 위한 물질이 필요하다. 인간은 음식을 먹고 소화하면서 재료를 얻는다. 먹은 것을 소화하기 위해 소화효소를 이용한다. 씨앗에 저장된 물질의 성분은 인간이 먹는 것과 같다. 또한 씨앗이 소화할 때 작용하는 효소도 인간의 것과 다르지 않다.

발아 준비기에는 다양한 효소가 작용한다. 우선 씨앗 속에서 이미 만들어진 효소가 흡수된 물을 이용해 작용하기 시작한다. 이 시기에 이루어지는 여러 반응이 시작하는 데 필요한 에너지를 추출하기 위해서, 호흡에 관여하는 효소가 가장 먼저 활성화된다.

효소가 작용하기 시작하면, 호흡이 활발해지면서 다량의 에너지가 생성된다. 따라서 발아 준비기의 꽤 이른 시기에 호흡량이 상승한다. 생성되는 에너지를 이용한 새롭고 다양한 효소가 합성된다. 합성된 효소는 다양한 물질의 분해나 합성에 작용한다.

발아 준비기에 호흡은 활발해진다

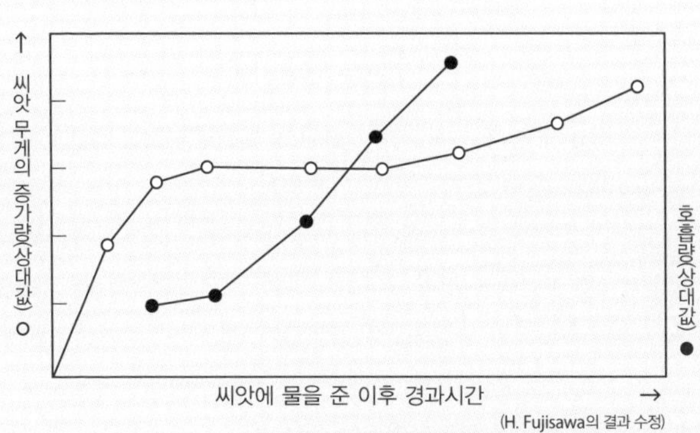

(H. Fujisawa의 결과 수정)

6 소화효소

우리는 생명을 유지하고 성장하기 위해서 3대 영양소인 전분을 중심으로 하는 탄수화물, 단백질, 지질이 포함된 음식을 먹는다. 그러나 먹기만 하는 것이 아니라 소화를 해야 우리 몸에 도움이 된다. 그것을 위해 우리의 몸에는 소화효소라고 불리는 것이 있다.

전분은 쌀이나 보리의 주성분으로 포도당이 결합하여 늘어선 구조를 띤다. 바로 이 포도당이 우리의 에너지원이다. 그래서 우리는 전분을 먹는다. 전분을 먹고 분해해서 포도당을 꺼내야 한다. 이것이 소화작용이다.

인간의 경우에 전분은 아밀레이스라는 소화효소에 의해 분해된다. 마찬가지로 씨앗에서도 전분이 아밀레이스에 의해 맥아당(말토스)라고 불리는 물질로 분해된다. 나아가 말테이스라는 효소의 작용으로 포도당으로 분해된다. 포도당이 호흡으로 분해되면 에너지가 생기고 다양한 대사가 활발해진다.

단백질은 아미노산이 연결된 것이다. 단백질을 분해하기 위해서 단백질 분해 효소가 작용하여, 새로운 단백질을 만들어내는데 필요한 아미노산이 추출된다. 우리 인간의 경우에는, 펩신 등의 단백질 소화효소가 있는데, 이는 위액에 포함되어 있다. 그 후 트립신이나 펩티데이스 등 효소의 작용으로 최종적으로 아미노산으로 분해된다.

씨앗 안에서도 단백질을 분해하는 효소가 작용하여, 단백질은 아미노산으로 분해된다. 이렇게 얻어진 아미노산을 이용해 효소나 세포를 구성하는 새로운 단백질이 만들어진다.

지방을 분해하기 위해서는 라이페이스가 작용한다. 라이페이스에 의해 지방은 지방산과 글리세린으로 분해되고 에너지원이 된다. 동시에 세포의 구성 성분으로 필요한 지방산 등이 준비된다.

우리 인간의 몸 속에서 일어나는 소화의 예

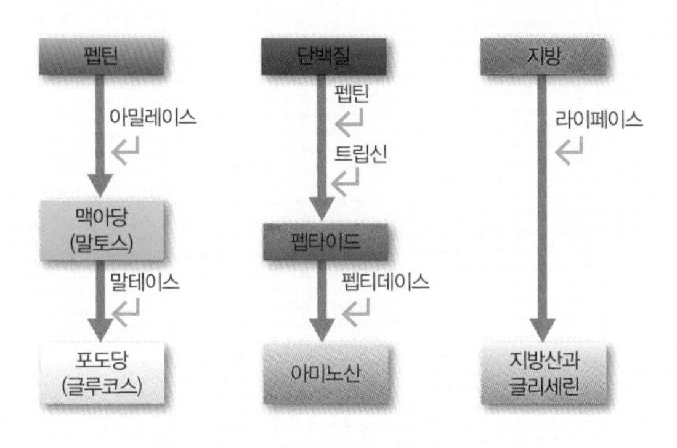

인간의 몸속에서 일어나는
소화와 씨앗이 저장하고 있던
물질을 분해하는 게 비슷하네

7 성장기

발아 준비기에는 세포의 분열과 신장을 일으키는 식물 호르몬이 합성된다. 동시에 종피를 찢기 위한 준비를 한다.

세포의 신장을 촉진하는 식물 호르몬은 옥신이라고 하며, 세포의 분열을 촉진하는 것은 사이토카닌이다. 이것들이 합성되면 싹과 뿌리의 세포가 분열되어 수가 늘고, 각각의 세포가 자란다. 그로 인해 종피가 찢기는데 이것이 바로 발아다.

대부분의 씨앗은 싹이 나는 곳이 정해져 있다. 작은 씨앗을 땅에 뿌릴 때, 우리는 '씨앗의 어느 부분에서 싹이 나는지'를 생각하여 싹이 나올 부분을 위로 하지는 않는다. 그런데도 씨앗에서 나온 싹은 반드시 위를 향해 자란다. 발아한 싹이 아래를 향해 뻗어나가는 일은 일어나지 않는다.

그래서 '발아한 싹이 어떻게 위와 아래를 구분할까?' 하는 의문을 가진다. 일단 떠오르는 답은 '씨앗 위를 덮고 있는 흙 사이로 보이는 빛을 향해 뻗는다'다. 싹이 빛을 향해 뻗는 성질은 잘 알려져 있다. 만약 빛이 보였다면 그 대답은 틀린 게 아니다. 만약 그렇다면, 빛이 보이지 않는 캄캄한 땅속이라면 싹은 위로 뻗지 않을까? 아니다. 그런 상황에서도 싹은 위로 자랄 것이다.

발아한 싹을 땅속에서 파내어 캄캄한 어둠 속에 수평으로 누인다. 그러면 줄기 끝부분이 이윽고 위로 휘어지고, 위를 향해 뻗어나간다. 싹은 완전히 캄캄한 어둠 속에서도 위와 아래를 구분하는 능력이 있는 것이다.

하지만 이 시도가 어디서든 성공하는 것은 아니다. 국제 우주정거장 내부 등 우주 공간에서는 이것과는 다른 결과가 나온다. 중력이 거의 없는 우주 공간에서는, 싹은 위로 올라가지 않고 옆으로 똑바로 뻗어나간다.

이것을 통해 싹은 지구의 중력을 느낌으로써, 위로 구부러져 올라간다는 사실을 알 수 있다. 지구의 중력이란, 지구의 중심을 향해 지구상의 물체를 끌어당기는 힘이다.

싹에는 중력을 느끼고 중력과 반대 방향 즉, 위로 뻗어나가는 성질이 있는 것이다.

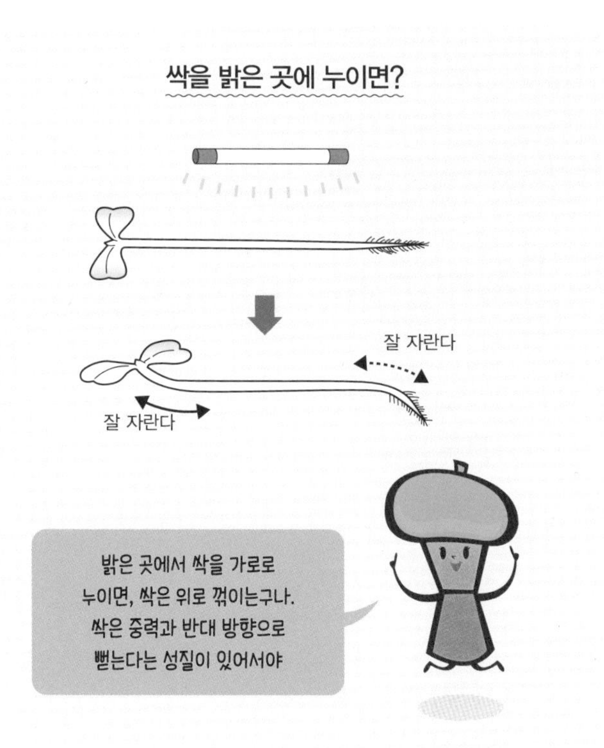

싹을 밝은 곳에 누이면?
잘 자란다
잘 자란다
밝은 곳에서 싹을 가로로
누이면, 싹은 위로 꺾이는구나.
싹은 중력과 반대 방향으로
뻗는다는 성질이 있어서야

8 뿌리는 왜 아래로 향하는가

씨앗은 대부분 싹이 나는 곳이 정해져 있고 방향이 다양하다. 씨앗은 흙 속에서 여러 방향으로 묻혀 있지만 씨앗이 어떤 방향으로 묻혀 있든, 발아한 싹의 뿌리가 지상으로 나오지는 않는다. 뿌리는 위와 아래를 구분하여 반드시 아래를 향해 뻗어나간다.

'뿌리는 빛을 피하는 방향으로 뻗는 것'으로 잘 알려져 있다. 따라서 '빛이 위에서 닿기에 뿌리는 아래로 뻗어나간다'고 생각하기 쉽다. 그러나 완벽한 어둠 속에서도 뿌리는 아래로 뻗는다.

가령 발아한 싹을 땅속에서 파내어 캄캄한 어둠 속에 수평으로 뉘어보자. 그러면 뿌리 끝부분이 아래로 휘어지며 뻗어나간다. 따라서 '뿌리가 빛을 피하는 방향으로 뻗는 성질'은 '뿌리가 아래로 뻗는' 원인이 아닌 것을 알 수 있다.

뿌리가 아래로 뻗는 것 또한 '중력'이 자극이 된다. 싹이 중력을 느끼는 것과 마찬가지로, 뿌리도 중력을 느끼는 것이다. 뿌리에는 '지구의 중력을 느끼고 그 방향으로 끌어당기듯 뻗는다'는 성질이 있다. 그러므로 뿌리는 지구의 중심, 즉 아래를 향해 뻗어나가는 것이다.

만약 뉴턴이 나무에서 땅으로 떨어지는 사과에 의문을 품고 지구의 중력을 발견한 게 아니라 아래로 뻗어나가는 뿌리를 보고 의문을 가졌다면 '식물은 중력을 느낀다'는 감각은 더욱 유명해졌을 것이다.

씨앗이 발아하면 종피를 찢고 나온 싹이 위로 뻗고, 뿌리가 아래로 뻗는다. 이는 모두 중력을 느끼기 때문이다.아무것도 느끼지 못하는 듯 보이는 식물이지만, 중력을 느끼며 식물다운 형태를 형성해나가는 것이다.

싹을 어두운 곳에 누이면?

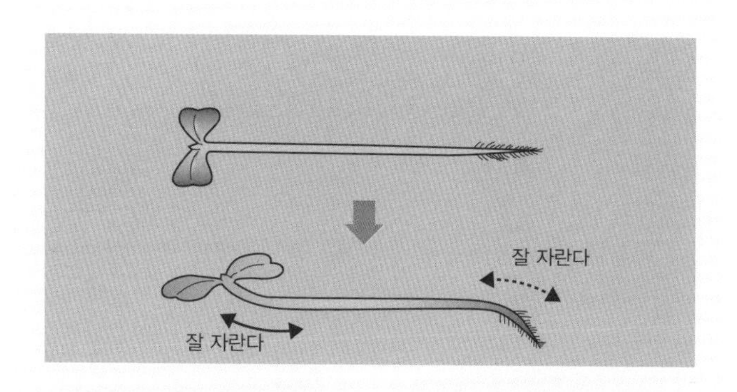

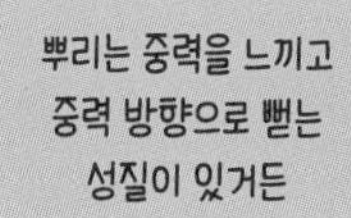

캄캄한 어둠 속에서 싹을 옆으로 뉘어두어도 뿌리는 아래를 향해 뻗는구나

뿌리는 중력을 느끼고 중력 방향으로 뻗는 성질이 있거든

9 중력을 느낀 싹과 뿌리 사이에서는?

식물이 중력을 느끼고 나타내는 반응에는 옥신이라는 물질이 관여한다. 줄기를 옆으로 뉘었을 때 끝부분이 위로 구부러지는 것은, 누운 줄기의 위쪽보다 아래쪽이 더욱 잘 자라기 때문이다.

옥신은 줄기 끝에서 만들어져, 줄기 속을 뿌리 방향을 향해 이동한다. 이때 줄기가 누워 있으면 중력 때문에 옥신이 누운 줄기의 위쪽보다 아래쪽에 많이 쌓이게 된다. 옥신에는 줄기의 신장을 촉진하는 작용이 있다. 따라서 누운 줄기의 아래쪽에 옥신이 많으면 아래쪽이 잘 자라고, 위쪽보다 길어진다. 결과적으로 줄기는 위쪽을 향해 굽는다.

뿌리가 중력에 반응하는데도 옥신이 관여한다. 흙 속에서 뽑은 싹을 캄캄한 어둠 속에서 수평으로 누이면 뿌리 끝이 아래를 향해 구부러진다. 이는 싹과 반대로 뿌리 아래쪽보다 위쪽이 잘 자라기 때문이다.

수평에 누인 뿌리에서도 줄기와 마찬가지로, 옥신은 누운 뿌리 위쪽보다 아래쪽에 많아진다. 하지만 줄기의 신장을 촉진하는 높은 농도의 옥신은, 줄기의 경우와는 반대로 부리의 신장을 저해한다.

따라서 뿌리 아래쪽 성장은 억제되고, 위쪽이 잘 자란다. 그 결과, 끝부분이 아래를 향해 굽는다. 같은 옥신이 줄기와 뿌리 각각에서 반대로 작용하는 것이다.

수평으로 누운 싹의 뿌리가 아래로 휘는 것은 이렇게 설명되는 일이 많다. 설명이 틀리지는 않지만, 뿌리의 경우 '옥신이 옆으로 누운 뿌리 위쪽보다 아래쪽에 많아진다'는 것에는 설명이 필요하다. 다음에 나올 '뿌리골무의 중요성'에서 설명하겠다.

줄기와 뿌리, 싹에서 옥신의 신장 효과

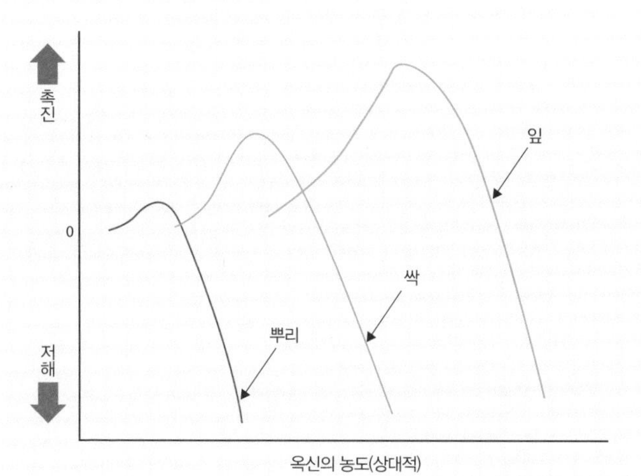

(K. V. Thimann의 결과 수정)

줄기의 신장을 촉진하는 옥신은, 같은 농도에서는 뿌리의 신장을 저해하는구나

10 뿌리골무의 필요성

옥신은 줄기 끝에서 만들어져, 줄기 속을 뿌리 방향을 향해 이동한다. 뿌리 끝의 뿌리골무라는 부분이 뿌리가 뻗어나가는 부분을 덮듯이 지킨다.

옥신은 뿌리에서 중심부에 있는 통로를 통해 뿌리 끝의 뿌리골무에 도달한다. 이때 되돌아와서 뿌리의 주변부를 훑고 다시 줄기가 있는 위쪽으로 향한다. 두 가지 조건을 통해 알아보자.

첫 번째 조건은 뿌리가 곧게 수직으로 서 있다면, 중심부에 통로를 지나온 옥신은 뿌리골무 부분에서 유턴하여 뿌리의 사방팔방으로 균등한 밀도로 줄기가 있는 위로 향한다. 줄기의 성장을 촉진하는 농도의 옥신은 뿌리의 신장을 저해한다. 그러나 옥신이 사방팔방으로 균등한 농도일 경우, 뿌리는 어느 쪽으로도 구부러지지 않고, 곧게 아래로 향해 뻗는다.

두 번째 조건은 뿌리가 수평으로 누워 있으면 뿌리는 아래를 향해 구부러진다. 이는 뿌리 아래쪽은 성장이 억제되고, 위쪽이 더 잘 자라기 때문이다. 옥신이 유턴한 후, 위쪽과 아래쪽에서 농도 차가 발생함을 의미한다.

그런데, 뿌리골무를 제거하면 뿌리가 수평으로 누워 있어도 뿌리는 아래로 구부러지지 않는다. 중력을 느끼지 못하게 되는 것이다. 뿌리골무의 한쪽만 제거하면 뿌리는 뿌리골무가 남아 있는 쪽으로 구부러진다. 이를 통해 뿌리골무는 중력을 느끼며 뿌리 성장을 억제하는 물질을 내보낸다는 사실을 알 수 있다.

수평으로 누운 뿌리에서는 '옥신은 아래쪽에 많고 위쪽에서 적어진다'는 것은 뿌리골무가 옥신이 유턴한 후, 이러한 배분을 정하고 있음을 뜻한다. 뿌리골무에 의해 옥신이 위쪽보다 아래쪽에서 많이 분배된다는 것은 사실이지만, 그렇게 분배되는 원리는 이곳에서 소개할 수 있을 정도로 명확히 밝혀지지 않았다.

뿌리의 옥신 농도

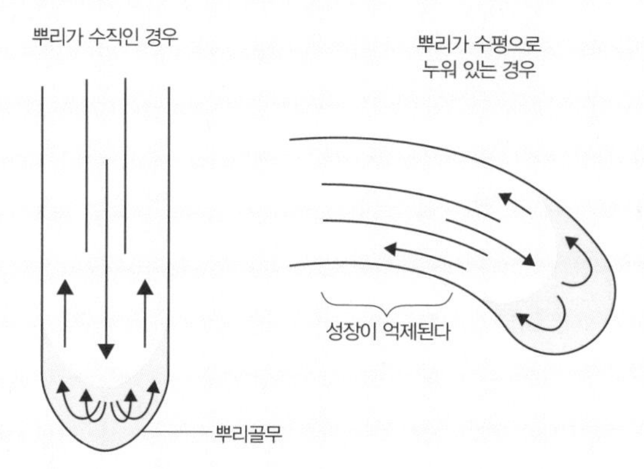

중력을 느끼는 것은 뿌리골무인데, 중력을 느낌으로써 '뿌리 아래쪽에 많게, 위쪽에 적게'라는 옥신의 배분이 결정되는 것이다.

옥신은 뿌리의 신장을
억제하므로, 그렇게 배분되면
뿌리의 아래쪽 신장이 억제되고
위쪽이 잘 자라기 때문에
아래쪽을 향해 굽는 거야

11 지베렐린의 '발아 능력'

발아에 필요한 세 가지 조건은 '적절한 온도, 물, 공기(산소)'다. 발아할 능력이 있는 씨앗이, 발아의 세 가지 조건을 부여받아도 발아되지 않는 상태를 18쪽에서 소개한 휴면이라고 한다.

발아의 세 가지 조건이 주어져도 휴면을 위해 발아하지 않는 씨앗은 많다. 가령 빛이 닿지 않는 곳에서는 많은 종류의 식물 씨앗은 발아하지 않는다. 그런 장소에서는 싹이 살 수 없기 때문이다. 이것에 관해서는 122쪽에서 소개했다.

또한 가을에 맺힌 씨앗은 곧바로 발아하지 않는다. 발아하면 곧바로 찾아오는 겨울 추위에서 살아남을 수 없기 때문이다. 실제로는 겨울 추위를 경험한 후에 발아한다. 이것에 관해서는 28쪽에서 소개했다.

그런데 장소나 계절이 부적절하기에 휴면하는 씨앗을 발아시키는 신기한 물질이 있다. 지베렐린이라는 식물 호르몬이다. 이 물질은 빛이 닿지 않으면 발아하지 않는 씨앗을, 캄캄한 어둠 속에서도 발아시키는 효과를 지닌다. 또한 추위를 경험하지 않으면 발아하지 않는 씨앗을, 추위에 맞추지 않고도 발아시킨다.

지베렐린에 대해서는 30쪽에서 소개한 대로 씨앗은 겨울의 저온을 받은 후에는 지베렐린이 증가하고 바로 이 물질이 발아를 촉진하는 것이다. 그러므로 '저온을 느낌으로써 발아를 저해하는 물질이 줄고, 발아를 촉진하는 물질이 늘어 발아가 일어나'게 된다.

그렇다면, 지베렐린은 어떤 원리로 씨앗을 발아시키는 것일까? 그 원리가 벼, 밀, 보리 등의 벼과 식물에서 잘 알려져 있다. 그 원리를 다음 쪽부터 소개하겠다. 그 전에 벼과 식물의 씨앗 구조를 파악해 두자.

벼과 식물의 씨앗은 주로 세 부분으로 이루어져 있다. 싹이나 뿌리가 생겨나는 배아, 전분을 많이 함유한 배유, 배유를 둘러싼 호분층이라는 세포층이다.

호분층은 영어로 'aleurone layer'라고 한다. 단백질을 많이 포함한 하나 혹은 여러 개의 세포층으로, 배유를 감싸듯이 존재한다.

벼과 식물의 씨앗 구조

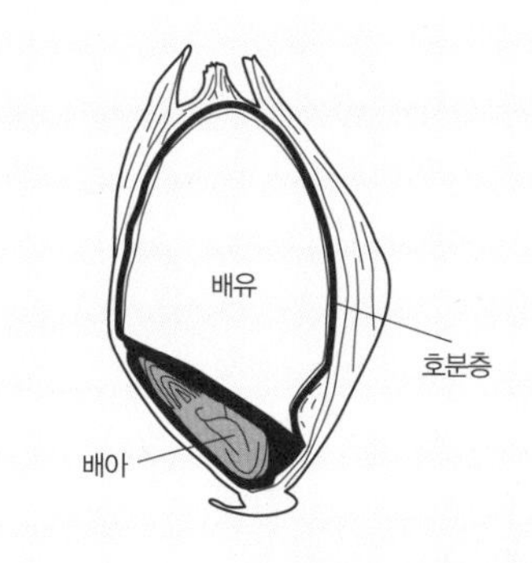

지베렐린이란, 1926년에 구로사와 에이이치라는 연구자가 벼의 키다리병의 원인을 조사하던 중 발견한 물질이야

12 배아의 작용

싹이나 뿌리는 씨앗의 배아 부분에서 만들어진다. 이 말은 배아를 제거한 씨앗에서는 싹이나 뿌리가 나오지 않는다는 말이다. 또한 배유에 저장된 전분이 분해되어 당이 늘어나지도 않는다.

하지만, 배아를 제거한 씨앗에 지베렐린을 주면 신기한 일이 일어난다. 배아가 없으니 발아는 일어나지 않지만 발아가 일어날 때와 마찬가지로 배유의 전분이 분해되어 당이 증가한다.

배아가 없는데도 발아할 때와 같은 일이 일어나는 것이다. 즉, 배아가 있는 씨앗에서는 발아를 촉진하는 지베렐린이 만들어지고, 지베렐린의 작용으로 배유의 전분이 분해되어 당이 증가한다는 가설을 세울 수 있다.

지베렐린은 배아에서 만들어지는 것으로 알려진 물질이므로 '배아에서 발아를 촉진하는 지베렐린이라는 물질이 만들어진다'는 전반부는 이걸로 수긍이 간다. 그러나 '이 물질의 작용으로 배유의 전분이 분해되어 당이 증가한다'는 후반부는 가설로서도 비약이 심하다.

왜냐하면 지베렐린에는 전분을 분해하는 기능은 없기 때문이다. 지베렐린의 작용으로 전분이 분해된다면 '지베렐린이 전분을 분해하는 것을 만든다'는 것을 생각해야만 한다.

전분을 분해하는 것은 아밀레이스라는 효소다. 그러므로 '지베렐린은 아밀레이스를 만드는 작용을 한다'는 가능성을 생각할 수 있다. 이를 증명하기 위해 배아를 제거한 씨앗에 지베렐린을 주면 실제로 아밀레이스가 만들어지는 것을 확인할 수 있다. 따라서 '지베렐린이 아밀레이스의 합성을 유도하여 만들어진 아밀레이스가 전분을 분해한다'는 말이 된다.

배아와 지베렐린의 작용

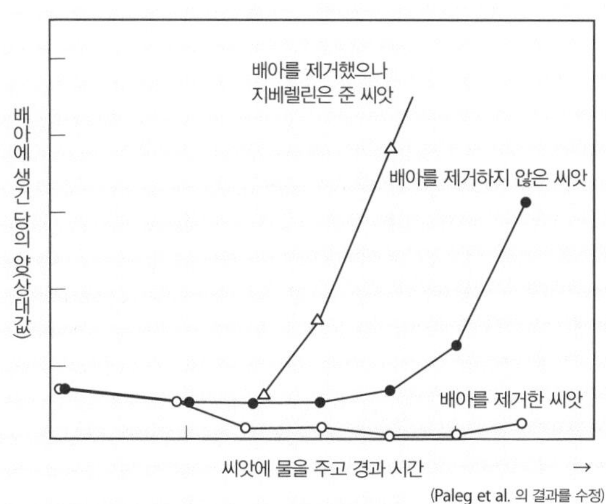

(Paleg et al. 의 결과를 수정)

배아를 제거해도 지베렐린을 주면 전분이 분해되어 당이 생긴다. 하지만 지베렐린은 전분을 분해하여 당으로 만드는 기능은 없다. 지베렐린이 전분을 분해하는 소화효소를 만들게 하는 작용을 해서, 아밀레이스의 합성을 유도하는 것이다.

13 지베렐린의 작용은?

그렇다면, '지베렐린은 어느 부분에서 합성을 유도하여 아밀레이스가 만들어지는가?' 라는 의문이 생긴다. 가능성으로는 배유보다는 호분층일 확률이 높다.

왜냐하면 호분층을 제거한 씨앗에 지베렐린을 급여하면 아밀레이스는 합성되지 않고, 배아의 전분은 분해된다. 지베렐린이 급여되더라도 호분층이 없으면 전분은 분해되지 않는 것이다. 이것으로 보아 배아를 제거한 씨앗에 호분층이 없다면 아밀레이스가 합성되지 않음을 알 수 있다.

즉 전분을 분해하는 아밀레이스는 호분층에서 만들어지는 것이다. 지베렐린이 호분층에 작용하여 호분층에서 아밀레이스가 만들어지고, 그 아밀레이스가 배유의 전분을 분해한다.

호분층은, 아밀레이스뿐 아니라 그 외의 발아에 필요한 효소도 만들어낸다. 호분층은 지베렐린의 자극을 받아, 발아를 위해 필요한 효소를 만들기 시작하는 장소인 것이다. 호분층에 아밀레이스를 급여하면 다른 효소도 만들어진다. 아밀레이스 외에 단백질 분해효소나 세포벽 분해효소 등이다. 모두 씨앗이 발아하기 위해 필요한 효소다. 이로써 지베렐린이 발아를 촉진하는 원리가 밝혀졌다.

호분층의 작용

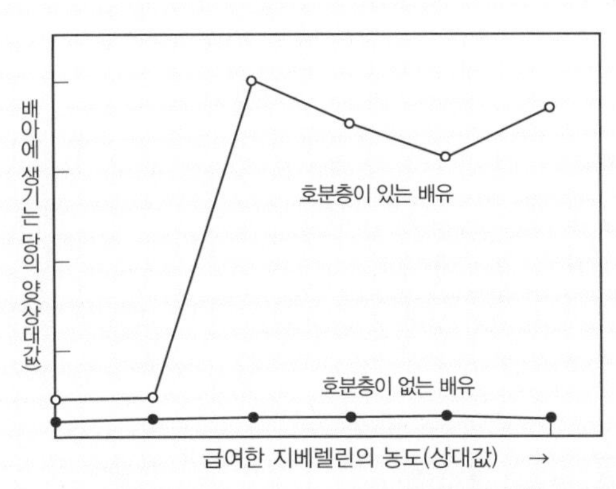

(Macleod and Millar 의 결과 수정)

지베렐린을 주어도
호분층이 없으면 전분이
분해되지 않는구나

지베렐린은 호분층에
작용해서 아밀레이스를
만들게 한대

14 발아 총정리

벼과 식물의 씨앗이 발아할 때 배유에 저장된 전분이 아밀레이스 등의 효소에 의해 분해되어 포도당이 만들어진다. 포도당은 싹과 뿌리가 성장하는 에너지를 얻기 위해 사용된다.

즉, 벼과 식물의 씨앗이 발아하기 위해서는 우선 아밀레이스가 만들어져야 한다. 그리고 아밀레이스의 합성을 촉진하는 것이 바로 지베렐린이다.

지베렐린은 배아에서 만들어진다. 그곳에서 호분층으로 이동하여 아밀레이스를 합성하도록 작용한다. 합성 후 만들어진 아밀레이스가 배유로 이동한다. 그리고 그곳에 있는 전분을 분해하여 최종적으로 포도당이 생긴다. 포도당은 호흡의 기질이 되는 물질로, 포도당을 이용해 호흡을 활발하게 하고 에너지를 생성시켜 발아를 일으킨다. 또한 지베렐린은 아밀레이스뿐 아니라 말테이스, 단백질 분해요소 등 씨앗 발아에 필요한 대부분의 효소 합성을 호분층에서 유도한다.

말테이스는 '맥아당'이라는 당에 작용하여 포도당을 생성한다. 아밀레이스가 전분을 분해한 결과 다량으로 생기는 것은 맥아당이다. 그러므로 포도당이 만들어지기 위해서는 씨앗 속에서 말테이스가 작용해야만 한다.

단백질 분해효소는 저장된 단백질을 분해하고 구성하고 있던 아미노산을 추출한다. 추출된 아미노산은 싹과 뿌리의 성장에 필요한 단백질을 만들기 위해 사용된다.

이처럼, 물을 흡수한 배아에서 만들어진 지베렐린의 맹활약으로 발아가 일어나는 것이다.

발아 총정리

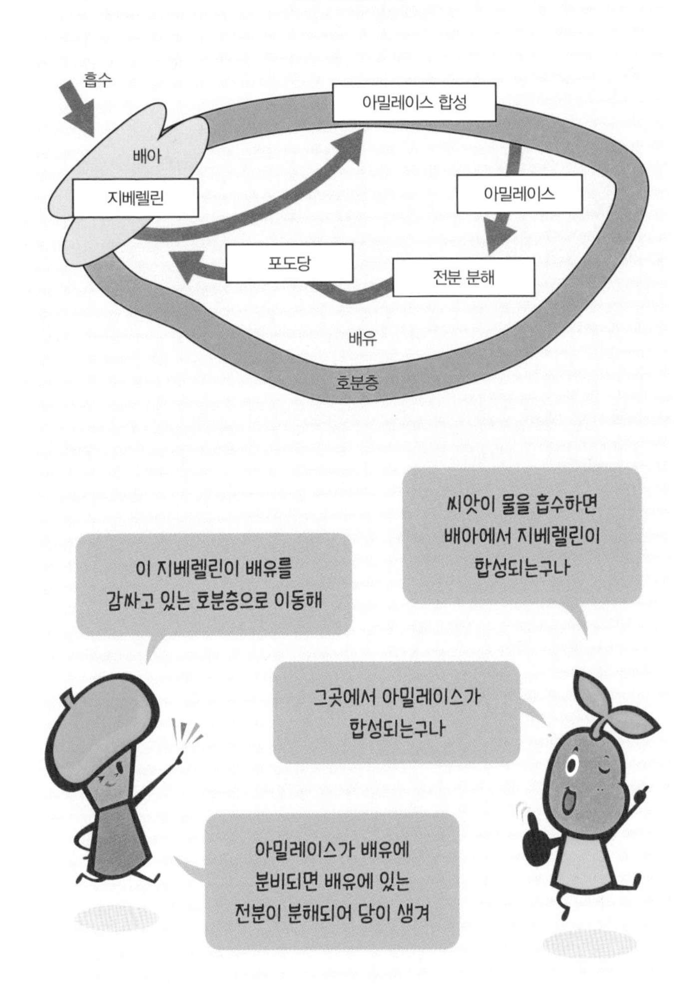
흡수
배아
지베렐린
아밀레이스 합성
아밀레이스
포도당
전분 분해
배유
호분층
씨앗이 물을 흡수하면 배아에서 지베렐린이 합성되는구나
이 지베렐린이 배유를 감싸고 있는 호분층으로 이동해
그곳에서 아밀레이스가 합성되는구나
아밀레이스가 배유에 분비되면 배유에 있는 전분이 분해되어 당이 생겨

15 빛과 지베렐린

4장에서는 '대부분의 씨앗이 피토크롬으로 빛을 느끼며, 적색광이 닿으면 발아를 촉진하는 Pfr이 생겨서 발아한다'는 현상을 소개했다. 그리고 5장에서는 '지베렐린이 많은 식물의 발아를 촉진하는' 현상을 소개했다. '이 두 사실은 어떻게 연결되어 있는가' 하는 문제가 남아 있다.

이 연결고리는 확실히 드러난다. 'Pfr이 지베렐린의 합성을 촉진함으로써 발아도 촉진하는 것'으로 파악되고 있다. 지베렐린이 증가하면 발아가 촉진되는 원리는 이번 장에서 소개한 대로다. 실제로 적색광을 받아 Pfr이 증가한 씨앗 속에는 지베렐린의 양이 증가하는 것으로 알려졌다. 또한 적색광을 쪼인 후에 원적색광을 쪼여 Pfr이 거의 없어진 씨앗에서는 지베렐린은 증가하지 않는다는 것을 알 수 있었다. Pfr이 많으면 지베렐린이 많이 합성되고 Pfr이 없으면 지베렐린이 합성되지 않는 것이다.

지베렐린의 합성을 저해하는 물질은 씨앗이 물을 흡수할 때 물질을 함께 흡수할 수 있도록 물속에 물질을 녹여낸다. 그리고 저해 물질을 흡수한 씨앗에 발아를 촉진하는 적색광을 쪼인다. 그러나 씨앗은 발아하지 않는다. 이유는 '적색광을 쪼여도 지베렐린이 합성되지 않기 때문'이다.

'붉은빛이 닿으면 씨앗은 발아한다'는 현상과 '지베렐린을 주면 씨앗이 발아한다'는 현상은 '적색광으로 생겨난 Pfr이 지베렐린의 합성을 촉진하여 합성된 지베렐린이 발아를 촉진하는 것'으로 연결되어 있다.

빛과 지베렐린

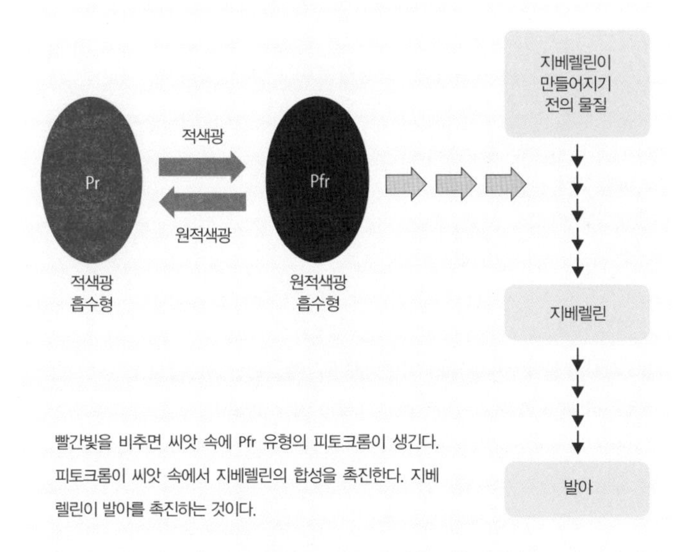

빨간빛을 비추면 씨앗 속에 Pfr 유형의 피토크롬이 생긴다. 피토크롬이 씨앗 속에서 지베렐린의 합성을 촉진한다. 지베렐린이 발아를 촉진하는 것이다.

COLUMN

근세 씨앗의 지혜란?

활짝 핀 근세의 씨앗은 '땅에 떨어지면 들쥐에게 먹힐 것'이라는 불안감을 준다. 그만큼 들쥐를 번성시키는 것이 근세라는 말이다. 그러나 근세는 영리한 방법으로 불안감을 없앤다.

'이삭발아'라고 불리는 이것은 들쥐에게 먹히지 않는 희귀한 성질이다. 이삭에 붙은 씨앗이 떨어지기 전에 발아를 시작하는 것으로, 씨앗이 땅에 떨어졌을 때 곧바로 싹을 틔운다. 이는 이파리를 딱딱하고 맛이 없게 만들어 들쥐에게 먹히지 않게 한다.

그러나 씨앗이 만들어지는 의미를 생각하면 한 가지 의문이 든다. 씨앗은 식물의 모습으로 견딜 수 없는 척박한 환경을 견뎌내기 위해 만들어진다. 따라서 씨앗이 생겼을 때 곧바로 발아한다면 의미가 없다.

하지만 이삭발아는 씨앗이 생기자마자 곧바로 발아한다. '척박한 환경을 견뎌내기 위해 만들어졌는데 곧바로 발아하면 의미가 없지 않을까?' 하는 의문이다.

씨앗이 생기는 것은 초여름이다. 여름의 더위를 견뎌내기 위해서다. 그러나 근세는 식물의 모습으로 몇 년이고 여름의 더위를 견딘다. 그러므로 여름 더위에 지는 나약한 식물이 아니다.

근세가 일제히 몇 년에 한 번 개화하는 것은 유전자를 조합하고 바꾸어 다양한 성질을 지닌 자손을 만들기 위한 의식이라고 생각한다면 이 의문은 해소된다.

제6장

씨앗이 만들어지는 방법

'채소의 열매나 과일에 있는 씨앗은 꽃이 피고
꽃가루가 암술에 묻으면 생기는 것'은 잘 알려져 있다.
그러나 '씨앗이 어떻게 만들어지는가'는 잘 알려지지 않았다.
6장에서는 씨앗이 만들어지기 위해 암술 안에서
일어나는 일을 소개하겠다.

1 꽃의 구조

'꽃이 피면 씨앗이 생긴다'고들 한다. 조금 더 자세하게 '씨앗이 생기려면 꽃가루가 암술에 묻어야 한다'는 것도 잘 알려져 있다.

그러나 '꽃가루가 암술에 묻은 후 암술 속에서 어떤 일이 일어나 씨앗이 만들어지는지'는 잘 알려지지 않았다. 지금부터는 씨앗이 만들어지기 위해 암술 안에서 일어나는 일을 소개하겠다.

종자식물은 속씨식물과 겉씨식물로 나뉜다. 여기에서는 예쁜 꽃을 피우는 속씨식물이 씨앗을 만드는 방법을 먼저 소개하겠다.

보통 꽃은 암술, 수술, 꽃잎, 꽃받침으로 이루어진다. 식물의 종류에 따라 그 수는 정해져 있다. 한가운데 암술, 그 주위에 수술이 있고 이것들을 둘러싸듯이 꽃잎이, 꽃잎을 아래에서 떠받치듯이 꽃받침이 있다. 이것이 꽃의 기본적인 구조다.

암술 끝부분인 암술머리가 수술의 꽃가루를 받는 것을 수분이라고 한다. 식물은 꽃가루를 암술에 묻히기 위해 바람, 벌레, 새, 물의 흐름 등에 맡겨 이동시킨다. 각각의 꽃을 '풍매화', '충매화', '조매화', '수매화'라고 한다.

수분한 뒤 암과 수의 생식세포가 합체하는 것을 수정이라고 한다. 대부분 식물은 꽃가루 속에 있는 정세포가 암술의 난세포와 합체한다. 그래서 수분만으로는 씨앗이 생기지 않는다. 수분을 하고 수정이 이루어져야 비로소 씨앗이 생긴다.

속씨식물의 꽃

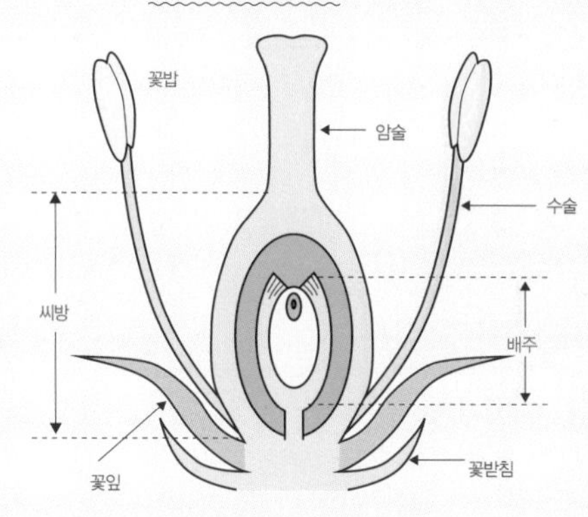

겉씨식물(소나무)의 꽃

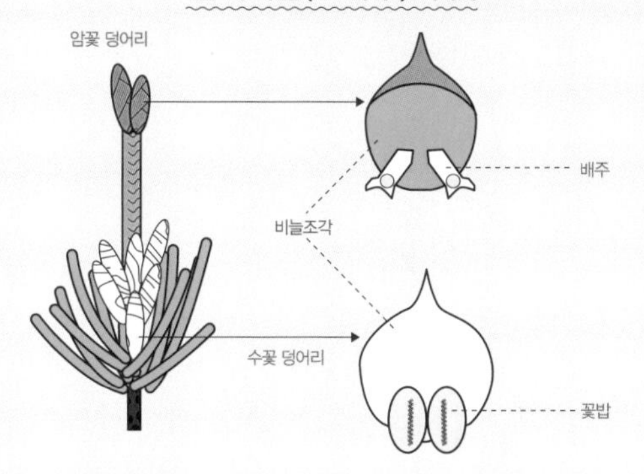

풍매화 · 충매화 · 조매화 · 수매화

풍매화	소나무, 삼나무, 벼, 참억새, 옥수수
충매화	벚나무, 유채, 백합, 장미, 자운영
조매화	동백, 산다화, 차, 비파, 매화나무, 복숭아
수매화	검정말, 붕어마름, 거머리말

2 속씨식물의 꽃 속에서 일어나는 생식세포의 형성

식물의 유성생식에도 동물과 마찬가지로 암, 수가 필요하다. 수술의 끝에는 꽃밥이 있다. 그 속에서 동물의 정자에 해당하는 수배우자가 형성된다.

꽃밥 속에 있는 세포가 분열하여 다수의 화분모세포가 된다. 각각의 화분모세포는 두 번 연속 분열하여 네 개의 미숙한 꽃가루가 된다. 이것을 화분사분자라고 부른다. 미숙한 꽃가루는 세포분열을 일으켜 큰 세포와 작은 세포가 된다. 작은 세포는 생식세포라고 불린다. 큰 세포는 화분관핵을 지니며, 작은 생식세포를 포함한 상태로 성숙한 꽃가루가 된다.

꽃가루가 수분한 후, 생식세포는 분열하여 두 개의 정세포가 된다. 정세포는 동물의 정자에 해당하는 것으로, 수배우자다. 다른 한쪽 암배우자인 난세포는 암술의 기부에 있는 씨방 속에서 만들어진다. 씨방에 싸인 배주 속에서 난세포가 형성되고, 그 과정은 배낭모세포에서 시작된다.

배주 속에 있는 배낭모세포가 연속적인 두 번의 분열로 네 개의 세포가 되고 이 중 세 개는 퇴화하여 소실된다. 남은 한 개만이 배낭세포가 된다.

배낭세포 안에 있는 핵만이 분열을 세 번 거듭하여 한 개의 세포 안에 여덟 개의 핵을 형성하고, 각각의 핵 주변으로 세포의 칸막이가 생긴다.

그 결과, 한 개의 난세포, 두 개의 조세포, 세 개의 반족세포가 생긴다. 남은 두 개의 핵은 극핵으로서 중심 세포라고 불리는 세포 속으로 들어가고, 단세포, 조세포, 반족세포, 중심 세포가 포함된 배낭이 완성된다.

속씨식물의 생식세포 형성

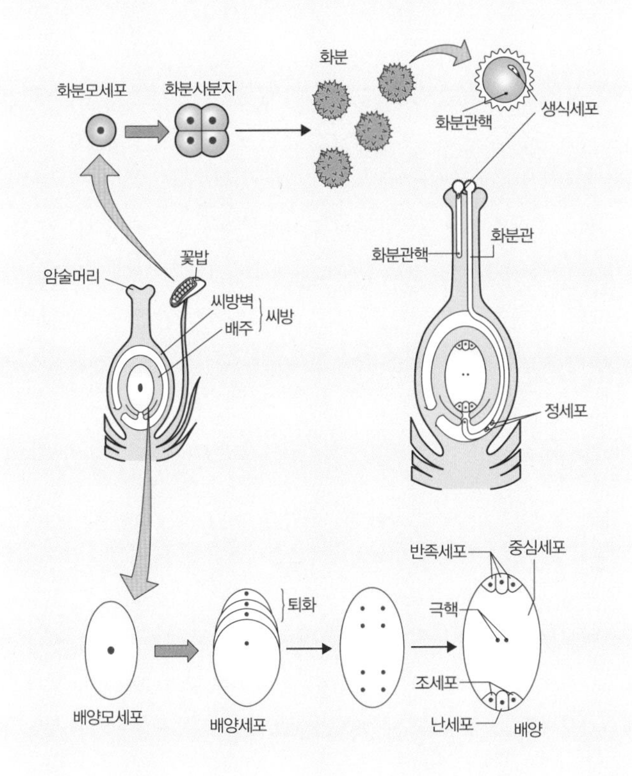

3 화분관의 성장

동물은 수컷과 암컷이 합체하여 아이가 태어난다. 마찬가지로 식물도 아이와 같은 씨앗이 생기려면, 암술이 가진 난세포와 꽃가루 속에 있는 수배우자인 정세포가 합체해야 한다.

'꽃가루가 암술 끝에 묻으면 씨앗이 생긴다'고 한다. 그러나 씨앗을 만드는 것은 그리 쉽지 않다. 실제로는 꽃가루가 암술 끝에 묻어도 씨앗이 생기지는 않는다. 만약 꽃가루가 암술 끝에 묻기만 해도 씨앗이 생긴다면 씨앗은 암술 끝에 생길 것이다.

하지만 씨앗은 암술 끝에 생기는 것이 아니라 암술의 아랫부분인 기부에 생긴다. '꽃가루는 암술 끝에 묻는데 왜 씨앗은 암술 아랫부분에 생기는가' 하는 의문이 생길 것이다.

답은 '난세포는 긴 암술 끝이 아니라 암술의 기부에 있다.'는 것이다. 암술 끝에 묻은 꽃가루 속의 정세포가 난세포와 합체하려면 암술 아랫부분에 있는 기부까지 이동해야 한다.

동물은 수배우자인 정자가 스스로 헤엄쳐서 난자에 도착할 수 있다. 그러나 식물의 꽃가루 속에 있는 정세포는 정자와는 달리 수영할 수 없다. 설사 꽃가루가 암술 끝에 묻는다 해도 정세포가 스스로 암술 기부에 있는 난세포에 도달할 능력이 없다.

이 말은 씨앗이 생기려면 난세포가 있는 곳까지 꽃가루 속의 정세포가 이동할 방법이 있어야 한다는 뜻이다. 무언가 정세포를 난세포까지 이끌어야 했다.

그래서 꽃가루는 화분관이라는 관을 뻗는다. 화분관이 암술의 기부에 있는 난세포의 바로 옆까지 뻗은 후, 그 안으로 정세포를 이동시켜 난세포에 도달하게 만드는 것이다. 그렇게 정세포는 난세포와 합체하고 씨앗이 암술의 기부에 생긴다.

결국, 정세포가 난세포와 합체하려면 꽃가루에서 화분관을 뻗어야 한다. 꽃가루가 암술머리에 닿아도 화분관이 뻗지 않으면 씨앗은 생기지 않는다.

화분관의 성장

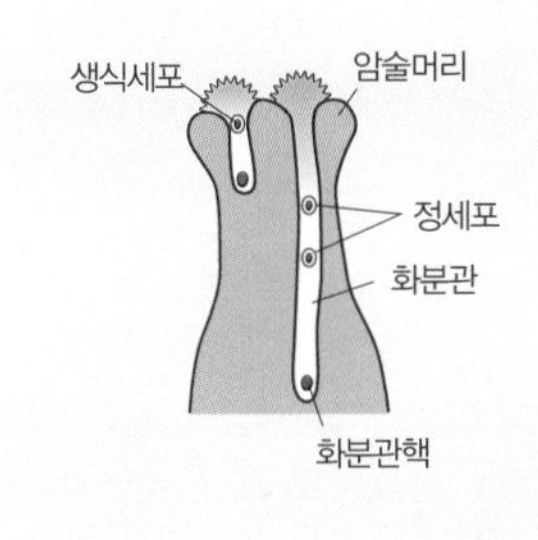

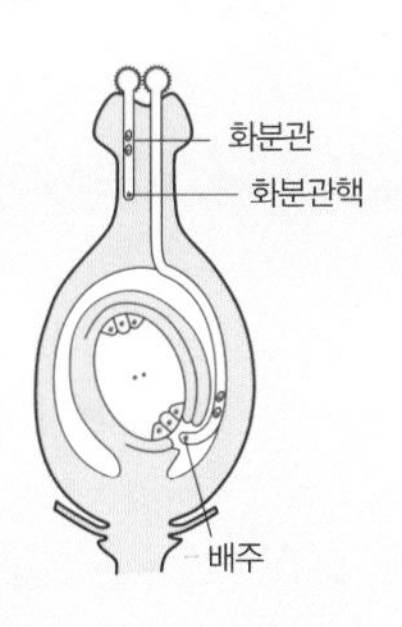

꽃가루가 암술머리에 묻으면 화분관이 난세포를 향해 자라는구나

그 과정에서 생식세포는 분열하여 두 개의 정세포가 된단다.

4 화분관을 유도하는 것은?

속씨식물은 마치 배주가 씨방을 지키듯 감싸고 있다. 수분 후 꽃가루에서 나온 화분관 끝이 암술 속에서 배주 안의 배낭 입구를 향해 뻗기 시작한다. 배낭 입구에는 두 개의 조세포가 있다. 그 사이에 틈이 있고, 안쪽에는 난세포가 있다. '화분관 끝은 왜 암술 속을 배낭 입구가 있는 방향으로 잘 뻗어나가는가'하는 의문은 오랫동안 규명되지 않았다.

화분관이 뻗는 것은 정세포와 난세포를 합체시키기 위해서다. 그래서 화분관은 난세포를 좇아 뻗어나간다. 이를 볼 때 '난세포는 화분관이 뻗어가는 방향을 유도하는 물질을 분비하고, 화분관은 그것에 이끌려 뻗어나가는 게 아닐까?' 예상했다.

위의 가능성을 알아보기 위해 '토레니아'라는 식물이 쓰였다. 토레니아는 현삼과 식물로, 초여름부터 초가을까지 작고 파란 나팔 모양의 꽃을 피운다. 보통 식물은 난세포가 배주 속에 있지만 토레니아 꽃은 난세포가 노출되어 있다는 특징이 있다. 그래서 난세포나 그 옆에 있는 조세포에 인위적 조작을 가하기 쉬웠다.

토레니아의 난세포와 조세포 등을 레이저로 부수고 '어느 쪽 세포가 파괴되었을 때 화분관이 뻗는 방향을 잃어버리는가'를 살펴보았다. 그 결과, 난세포를 파괴해도 화분관은 방향을 잃지 않고 배낭을 향해 뻗는 것으로 나타났다. 그런데 난세포와 나란히 위치한 조세포가 파괴되면 화분관은 방향을 잃는 것으로 나타났다.

이러한 결과는 조세포가 화분관을 유도하는 물질을 분비하여, 화분관이 뻗는 방향을 결정한다는 사실을 시사한다. 그래서 화분은 조세포가 분비하는 물질에 반응하여 뻗는 성질을 지닌 것으로 보인다.

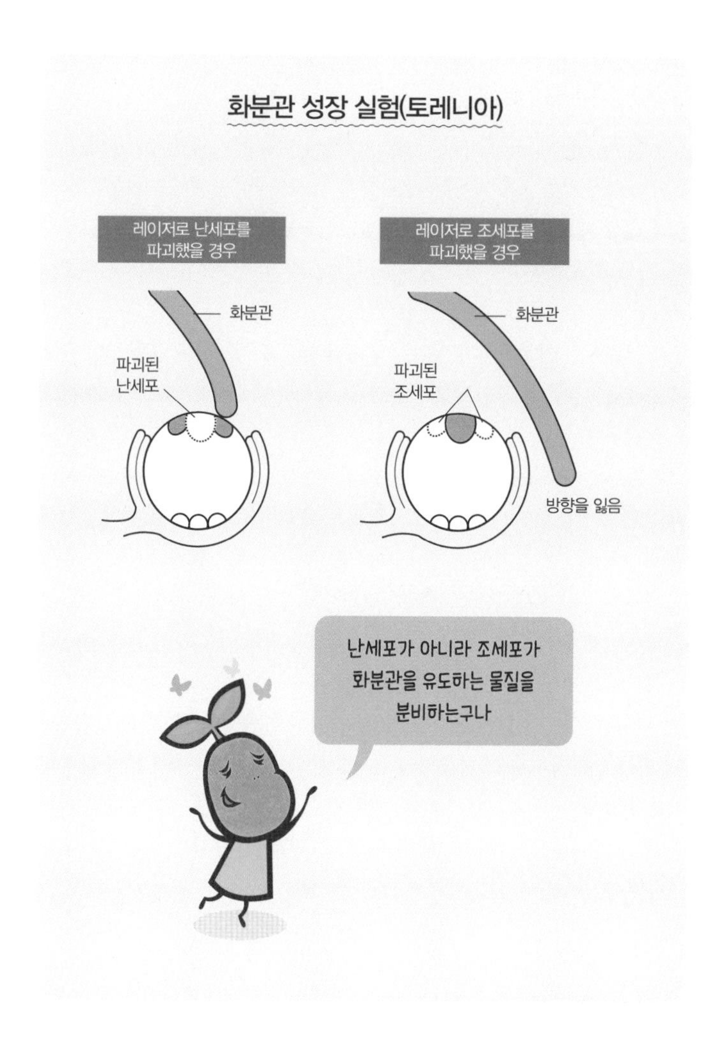

5 중복수정

식물 대부분이 수분할 때는 암술머리가 점액을 분비해서 꽃가루를 받아들이기 쉽게 만든다. 꽃가루가 암술 끝에 붙으면 꽃가루에서는 화분관이 암술대 속을 배낭을 향해 뻗어나간다. 이때, 화분관 속의 생식세포가 분열하여 두 개의 정세포가 된다. 결과적으로 하나의 꽃가루당 두 개의 정세포가 포함된다.

이 세포들은 화분관이 뻗어나감에 따라 끝으로 이동한다. 화분관이 수정이 일어나는 배낭 입구까지 도달하면 그 관으로 이끌리듯, 정세포는 배낭으로 운반된다.

화분관 안에 있는 두 개의 정세포 중 하나는 화분관 끝이 배낭에 이르면 한쪽 조세포 안으로 들어가고, 그 후 난세포와 합체한다. 그 후 수정란이 된다.

다른 하나의 정세포는 조세포를 경유하여 중심세포로 들어간다. 그런 다음 중심세포 속에 있는 두 개의 극핵과 정세포 속에 있는 핵이 합체한다.

이처럼 배낭 안에서는 동시에 두 곳에서 두 가지 수정이 일어난다. 따라서 속씨식물의 수정을 중복수정이라고 부른다. '수분에서 수정까지 어느 정도 시간이 걸리는가'의 답은 대부분 몇 시간 이내다. 열매가 커지기 시작하는 것을 관찰하기 쉬운 오이나 호박 등은 꽃이 시들면 금세 열매가 커지는 듯한 인상을 받는다. 수분에서 수정까지 몇 시간 이내로 진행되기 때문이다.

중복수정

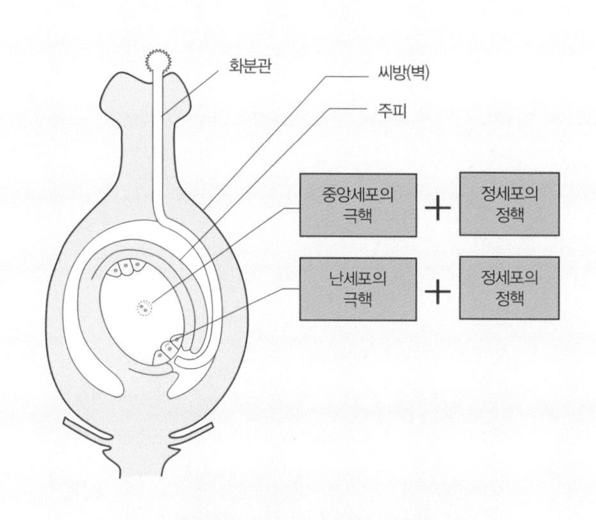
화분관
씨방(벽)
주피
중앙세포의 극핵
+
정세포의 정핵
난세포의 극핵
+
정세포의 정핵

두 개의 정세포 중 하나는 난세포와 합체하는구나
또 하나의 정세포 핵은 중심세포 안에 있는 두 개의 극핵과 합체해
배낭 속에서 동시에, 두 곳에서 수정이 이루어지기 때문에 중복수정이라고 부르는 거지

6 씨앗의 형성

정세포는 곧바로 분열을 시작한다. 최초의 분열로 생긴 세포 두 개 중 하나는 분열을 거듭해 배아가 된다. 배아는 자엽(子葉), 유아(幼芽), 배축(胚軸), 유근(幼根)으로 분화한다.

배낭 속 극핵 두 개는 정세포의 핵과 융합된다. 이 핵은 분열을 거듭하여 다수가 된다. 그 후, 핵을 포함하는 영역이 세포막으로 나뉘어 각각의 세포가 되고 배유라고 불리는 조직이 된다.

벼나 보리, 옥수수 등은 발아를 위해 영양분을 이 배아에 저장한다. 이것이 바로 134페이지에서 소개한 유배유종자다. 한편, 나팔꽃과 밤나무, 콩과인 대두와 완두콩, 강낭콩, 유채과인 냉이 등은 배유를 만드는 세포가 발달하지 않고 자엽에 영양분을 축적한다. 이것이 무배유종자라고 불리는 배유가 없는 씨앗이다.

NHK라디오에 '여름방학 어린이 과학 전화 상담'이라는 프로그램이 있다. 여름방학 중에 방송되는데 전국의 어린이가 식물이나 동물, 우주, 몸과 마음에 대해 다양한 질문을 방송국에 보낸다. 나는 5년 정도 식물 응답자 중 한 명으로 출연하고 있다.

그 프로그램에서 '왜 콩은 두 개로 쪼개지는 건가요?'라는 질문이 이따금 들어온다. 과연, 대두든 땅콩이든 콩은 깔끔하게 두 개로 쪼개진다. 그러니 아이들이 신기해하는 것도 당연하다.

콩은 자엽에 영양분을 저장하는 식물이며, 두 장의 자엽을 지닌 쌍떡잎식물이기 때문이다. 두 개로 쪼개지는 각각이 영양분을 듬뿍 머금은 한 장의 자엽이다. 자엽이란 씨앗 속에서 형성되는 잎이다. 발아했을 때 싹을 틔우는 두 개의 잎인 것이다.

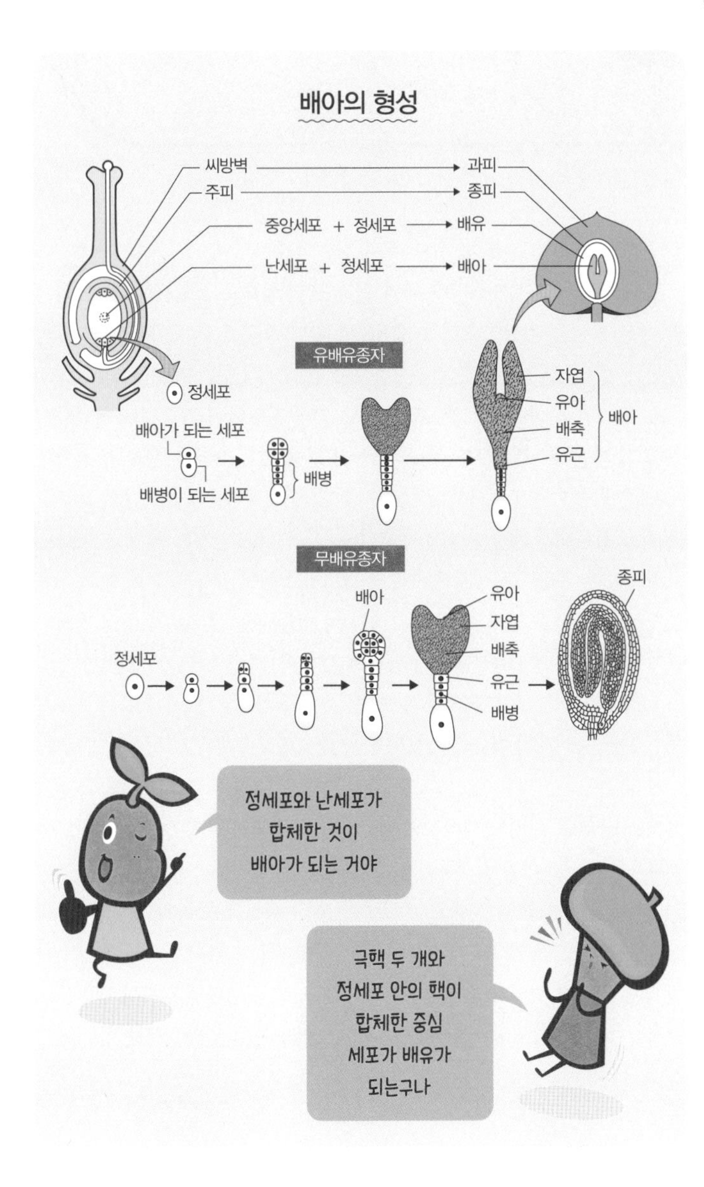
배아의 형성
씨방벽
과피
주피
종피
중앙세포 + 정세포
배유
난세포 + 정세포
배아
정세포
유배유종자
배아가 되는 세포
배병이 되는 세포
배병
자엽
유아
배축
유근
배아
무배유종자
정세포
배아
유아
자엽
배축
유근
배병
종피
정세포와 난세포가 합체한 것이 배아가 되는 거야
극핵 두 개와 정세포 안의 핵이 합체한 중심 세포가 배유가 되는구나

7 겉씨식물의 수정

겉씨식물의 배주는 씨방에 싸여 있지 않고 그대로 노출되어 있다. 하지만 생식 방법은 기본적으로 속씨식물과 같다. 화분모 세포가 수꽃의 꽃밥 속에서 연속으로 분열하면 화분사분자가 되어 각각 꽃가루로 성숙한다.

배주 내부에서는 배낭모세포가 두 번 연속 분열하여 배낭세포가 만들어진다. 그 후 핵이 세 번 분열하여 배낭이 형성된다. 바람에 실려 온 꽃가루가 배주에 수분하면 소나무나 삼나무 등 많은 겉씨식물은 꽃가루가 화분관을 뻗어 정세포가 배낭 안에서 수정된다.

소철이나 은행나무는 화분관 속에 정세포가 아닌 운동 능력이 있는 정자를 만드는 것으로 알려져 있다. 그래서 이 식물들은, 정세포가 아닌 정자가 난세포와 수정한다. 화분관에서 방출된 정자 두 개 중 하나가, 배낭 안에 있는 난세포와 수정하여 생긴 수정란에서 배아가 형성된다. 배낭 안의 세포가 수정 전에 증식해서 배유를 형성하기 때문에 중복수정은 일어나지 않는다.

은행나무의 정자를 발견한 사람은 1896년, 히라세 사쿠고로다. 소철의 정자는 1898년, 이케노 세이치로가 발견했다. 이러한 발견은 정자를 만드는 양치식물과 겉씨식물이 계통적으로 가깝다는 것을 명확히 했다.

속씨식물 대부분 수분에서 수정까지 오랜 시간이 걸리지 않는다. 반면 소나무나 소철, 은행나무 등 겉씨식물은 수분하고 수정이 일어나기까지 더욱 오랜 시간이 걸린다. 화분관에서 난세포 안으로 방출된 정자나 정세포가 난세포의 핵과 합체하기까지 소철은 2, 3개월, 은행은 약 5개월, 소나무는 약 1년이나 걸린다.

겉씨식물(은행나무)의 수정

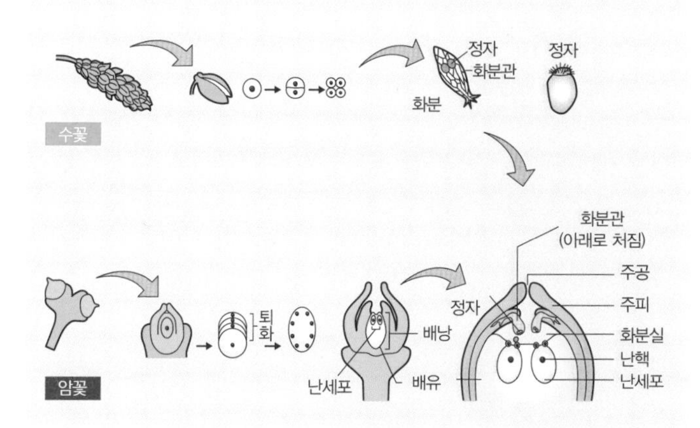

겉씨식물은 수정 전에 배낭 안의 핵이 분열을 거듭해 배유가 만들어지지. 그래서 중복수정은 일어나지 않는 거야

8 씨앗으로 번식하면 왜 다양한 자손이 생길까?

부모가 자식에게 형태나 성질을 전달하는 것은 유전자다. 세포 속의 유전자에 실린 것이 염색체다. 염색체의 수는 생물의 종이나 품종, 계통에 의해 정해진다.

인간은 두 개가 한 쌍을 이룬 46개의 염색체를 가지고 있다. 각각의 쌍 중 하나는 아버지에게서 온 것이며 다른 하나는 어머니에게서 받은 것이다. 그러므로 인간은 23개는 아버지, 23개는 어머니에게서 받았다고 할 수 있다.

18쌍의 염색체를 지닌 양배추가 씨앗을 만드는 경우를 생각해 보자. 배우자가 생길 때 쌍염색체는 두 개로 나뉘어 암, 수 배우자에게 들어간다. 따라서 배우자의 염색체 수는 부모의 절반이 된다. 부모가 18쌍을 이루는 염색체를 지닌다면 염색체 수는 36개이고, 배우자의 염색체 수는 18개가 된다.

유성생식에 의해 다양한 성질의 자손이 생기는 것은 염색체 18개의 조합이 다양하기 때문이다. 배우자는 부모의 염색체를 한 개씩 물려받는다.

그런데 한 쌍의 염색체 중 어느 쪽이 선택될지는 알 수 없다. 즉 이는 염색체마다 두 가지 선택지가 있으며, 18쌍의 염색체가 있다면 2^{18}의 조합은 약 26만 개다. 따라서 방대한 종류의 배우자가 생길 수 있다. 이것만으로도 만들어지는 배우자의 수는 셀 수 없이 많다. 더불어 염색체가 바뀌는 일도 있는데 그 방법 또한 불규칙하다.

따라서 배우자의 종류는 거의 무한하고, 배우자가 합체하여 태어나는 새 개체의 성질은 거의 무한하게 다양하다.

유전자를 재조합하여 다양한 개체를 만든다

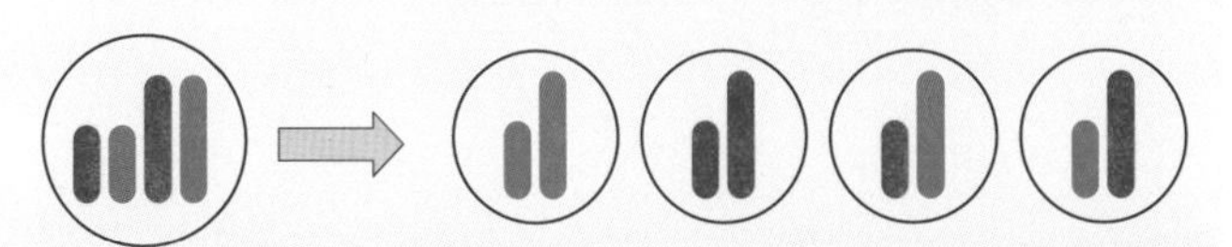

쌍을 이루는 염색체가 한 쌍이라면 두 갈래로 나뉜다. 쌍을 이루는 염색체가 두 개라면 4갈래로 나뉜다.

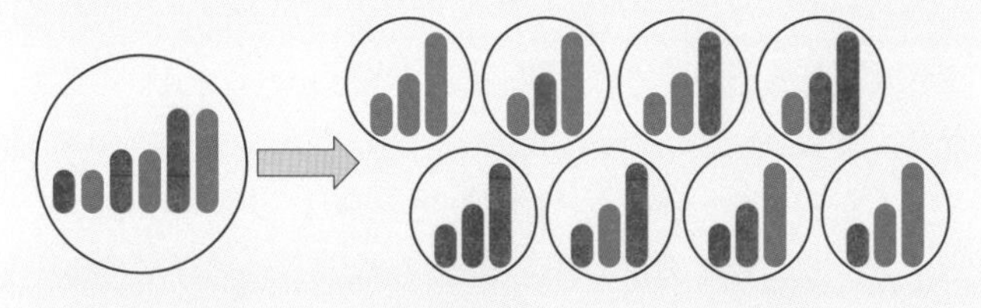

쌍을 이루는 염색체가 세 쌍이라면 8갈래로 나뉜다.

각각에 붙어서 두 가지 선택을 할 수 있으므로 n쌍이라면 2^n개다. 우리 인간은 23쌍이므로 2^{23}개, 즉 840만 개다. 이렇게 수정하므로, 같은 부모에게서 태어날 아이의 다양성은 8400000^2가지가 된다.

배우자가 생길 때
염색체가 서로 섞여서
바뀌지 않더라도 이렇게
방대한 수치가 되는구나

9 삼배체에 씨앗이 생기지 않는 이유

석산은 선명한 색의 꽃을 방사상으로 펼쳐서 꽃가루를 운반해 주는 벌레들을 유혹한다. 그러나 아무리 많은 벌레를 유혹해도 일본 석산에 씨앗은 생기지 않는다.

일본의 석산은 삼배체[6]이기 때문이다. 석산뿐 아니라 삼배체 식물에는 씨앗이 생기지 않는다. 그 이유는 다음과 같다.

부모에게서 아이로 전해지는 유전자는 염색체라는 것에 태워져 있다. 염색체의 개수는 생물의 종류에 따라 정해진다. 인간은 46개의 염색체를 가지고 있다. 그중 절반인 23개를 한 세트로 치는데, 각각 아버지와 어머니에게 물려받는다.

이처럼 많은 생물종이 아버지와 어머니에게 한 세트씩 염색체를 물려받아 두 세트의 염색체를 지닌다.

두 세트의 염색체를 지니는 생물을 이배체라고 한다. 그러나 자연 속에서 갑자기 세 세트의 염색체를 지니는 생물이 태어나기도 한다. 이것이 바로 삼배체다. 두 세트의 염색체를 지닌 이배체 식물이라면 생식을 위해 배우자를 만들 때 반으로 딱 나뉜다. 그래서 한 세트씩을 지닌 배우자가 생긴다. 그렇게 배우자는 한 세트씩 지닌 염색체를 가지게 된다. 하지만 삼배체는 반으로 떨어지지 않아서 정상적인 배우자를 만들 수 없다. 그래서 씨앗이 생기지 않는 무종자가 된다.

사배체, 육배체 같은 식물도 있다. 이들은 정상적으로 씨앗이 만들어진

---

6) 염색체 수가 생식 세포 염색체 수의 세 배인 생물 –옮긴이

다. 가령 사배체는 아버지에게서 두 세트의 염색체를 물려받고, 어머니에게서도 두 세트의 염색체를 물려받는다. 배우자를 만들 때도 두 세트씩 똑 떨어지게 나눌 수 있기에 정상적인 배우자가 만들어지고 씨앗도 생긴다.

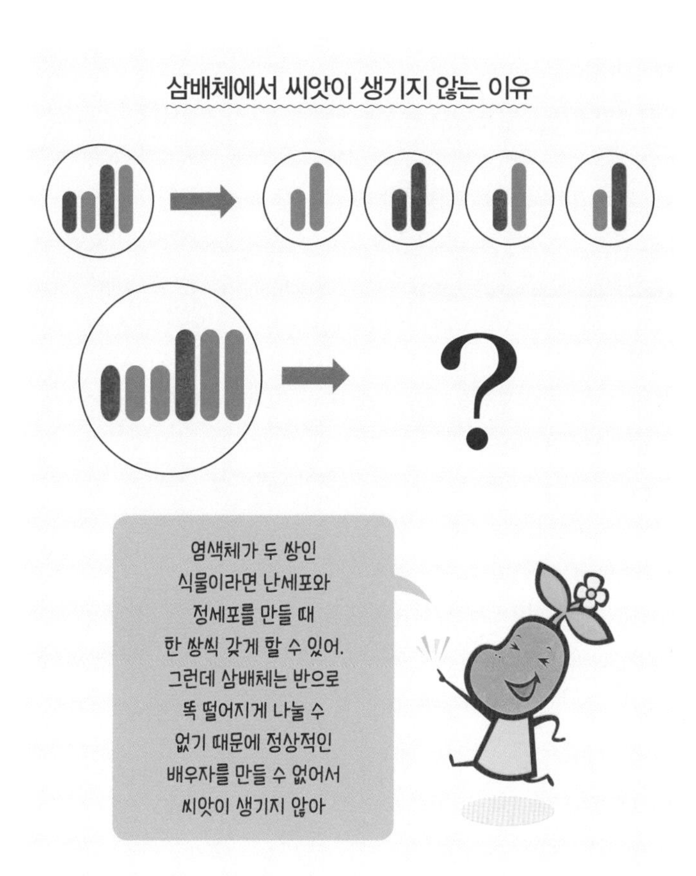

삼배체에서 씨앗이 생기지 않는 이유
?
염색체가 두 쌍인 식물이라면 난세포와 정세포를 만들 때 한 쌍씩 갖게 할 수 있어. 그런데 삼배체는 반으로 똑 떨어지게 나눌 수 없기 때문에 정상적인 배우자를 만들 수 없어서 씨앗이 생기지 않아

10 수포기만으로 씨앗은 생기지 않는다

'꽃이 잔뜩 피는데 왜 씨앗이 생기지 않는 것일까?' 하는 의문이 드는 식물이 몇 있다. 대표적으로 씨 없는 과일이다. 이 식물들은 우리 인간이 먹기 쉽다는 이유로 기르거나 씨앗을 만들지 못하도록 하는 것이다.

하지만 자연 속에서, 꽃이 만발하는데도 꽃이 핀 후에 씨앗이 생기지 않는 식물이 있다. 금목서와 서향 등이다.

금목서는 가을에 달콤한 향기를 발산하며 작은 황금빛 꽃을 가득 피운다. 하지만 씨앗은 생기지 않는다. 왜 금목서에는 씨앗이 생기지 않을까? 금목서는 원래 암그루와 수그루가 따로 있는 식물이다. 하지만 이 점이 씨앗이 생기지 않는 이유는 아니다. 수그루에는 씨앗이 생기지 않는 은행나무, 키위나무, 산초도 암그루에서는 생긴다. 그러니까 금목서도 암그루에서는 씨앗이 생길 수 있다.

하지만 에도시대에 중국에서 일본으로 들여온 금목서는 모두 수그루다. 그래서 꽃가루는 생기지만 그 꽃가루를 받아서 씨앗을 만드는 암그루가 존재하지 않는 것이다.

하지만 금목서는 가까운 곳에서 많이 재배되고 있다. 씨앗이 생기지 않는데 '어떻게 늘렸을까?'라는 의문을 느낀다. 이것은 인간이 꺾꽂이(삽목)이나, 접목, 취목으로 인공적으로 늘리는 것이다.

꺾꽂이는 가지를 잘라내고 자른 가지의 아랫부분을 땅에 꽂아 뿌리를 내리게 한 후 새로운 그루를 만드는 방법이다. 접목은 싹이나 가지를 잘라낸 후 뿌리가 난 다른 그루의 가지나 줄기에 접목시켜 유착시키는 방법이다. 취목은 나뭇가지를 부모 나무에 붙인 채 땅속에 넣거나, 껍질을 벗겨서 물이끼나 흙으로 덮어 뿌리를 내리게 한 후에 어미그루에서 떼어내어 새로운 그루를 만드는 방법이다.

금목서

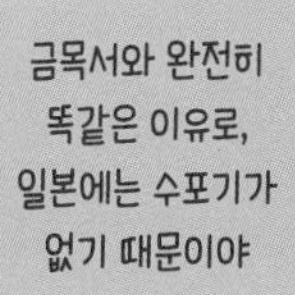

COLUMN

왜, 과수원에서는 '인공수분'을 할까?

봄은 과수원에서 '인공수분'을 하는 철이다. 인공수분은 벌이나 나비 대신 인간이 재배하는 과수 품종의 암술에 다른 품종의 꽃가루를 묻히는 작업이다. 왜 이런 일을 해야 할까?

꽃가루가 암술에 묻으면 씨앗이 생긴다. 하지만 이 장에서 소개했듯, 꽃가루가 암술에 묻어도 화분관이 뻗어 내리지 않으면 씨앗이 생기지 않는다. 그리고 씨앗을 만들고 싶지 않은 식물은 꽃가루가 암술에 묻었을 때 화분관이 뻗지 못하게 하기도 한다.

이는 '자가불화합성'이라는 성질이다. 다른 그루의 꽃가루가 묻으면 화분관을 뻗어서 정세포와 난세포가 합체하고 씨앗이 생긴다. 이런 성질의 식물은 자신의 꽃가루와 다른 그루의 꽃가루를 구별하는 데, 배나무나 사과나무 등이 대표적이다.

과수원에는 품종이 같은 그루가 많다. 그러나 이런 품종은 접목으로 증가하는 추세라 다른 가루의 꽃가루라도 같은 품종이라면 완전히 같은 성질의 꽃가루다. 따라서 같은 품종의 꽃가루가 암술에 묻어도 씨앗이 생기지 않는다. 씨앗이 생기지 않으면 열매도 맺히지 않는다.

그래서 한 품종을 재배하는 배나 사과 과수원에서는 일부러 다른 품종의 그루를 심어야 한다. 가령 '니짓세이키(二十世紀)'라는 품종의 배를 키우는 과수원에서는 '조주로(長十郎)'라는 품종의 나무를 심는 것이다. 그렇지 않다면 '인공수분'이라는 작업을 해야 하는 것이다.

제7장

씨앗의 신비 Q&A

씨앗에는 수많은 신비가 있다.
'씨앗에서 태어난 상품은?'
'왜 튤립은 씨앗부터 키우지 않을까?'
'왜 옥수수 텃밭에서는 이빨이 빠질까?'
'왜 나팔꽃 씨는 껍질이 딱딱할까?'
'왜 대두와 완두콩의 싹은 구별할 수 있을까?'등이다.
7장에서는 이러한 씨앗의 신비에 답하려 한다.

씨앗에서 태어난 상품은?

'바이오미미크리(biomimicry)'라든가 '바이오미메틱스(biomimetics)'라는 말이 있다. 바이오미미크리란 '바이오(생물)'과 '미믹(흉내내다)'의 합성어이고, 바이오미메틱스는 '바이오(생물)'과 '미메틱(모방하다)'의 합성어다. 이들 말의 의미는 동물과 식물의 삶의 방식을 힌트로 삼아 제품을 만든다는 것이다. 그렇게 식물 씨앗에서 태어난 대표적 사례가 있다.

의류나 신발, 가방, 벨트, 시트의 장착에 사용되는 까칠까칠한 천 같은 물건이 있다. 양면을 가볍게 맞대기만 하면 딱 붙는다. 꽤 세게 당겨야 벗겨진다. 붙였다 뗐다도 여러 번 할 수 있다.

하지만 언뜻 보기만 해서는 달라붙어 있는 원리를 알 수 없다. '왜 이렇게 세게 달라붙어 있을까?' 하고 신기하기만 하다. 우리는 이것을 '벨크로', '찍찍이'라고 부른다.

영어로는 '매직 테이프'라고 하는데 이 '매직'은 1948년 식물의 씨앗을 힌트로 태어났다. 스위스의 조르주 드 미스트랄이 개와 함께 들판으로 산책을 나갔다가, 자신에 옷과 반려견의 털에 걷잡을 수 없을 정도로 끈질기게 달라붙어 있는 열매를 발견한다. 그것은 야생 우엉 열매였다.

그는 '이 열매는 왜 이렇게 꽉 달라붙어 있을까?'하고 의구심을 품고 열매의 형태를 현미경으로 관찰했다. 그 결과, 이 열매에는 많은 가시가 있을 뿐 아니라 그 가시 끝이 낚싯바늘처럼 구부러져 있다는 사실을 알게 되었다.

인간의 옷이나 동물 털에 닿으면 가시 끝이 낚싯바늘처럼 걸린다. 그래서 일단 걸리면 잘 떨어지지 않는 것이다. 이 발견이 계기가 되어 붙이기만 해도 강하게 달라붙는 벨크로 테이프가 탄생했다.

도꼬마리 열매와 벨크로

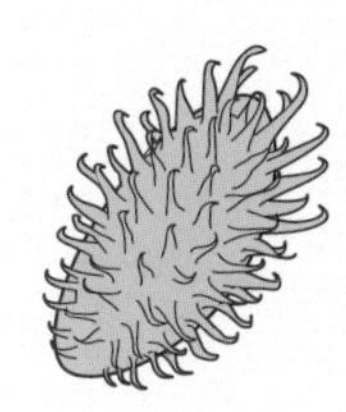

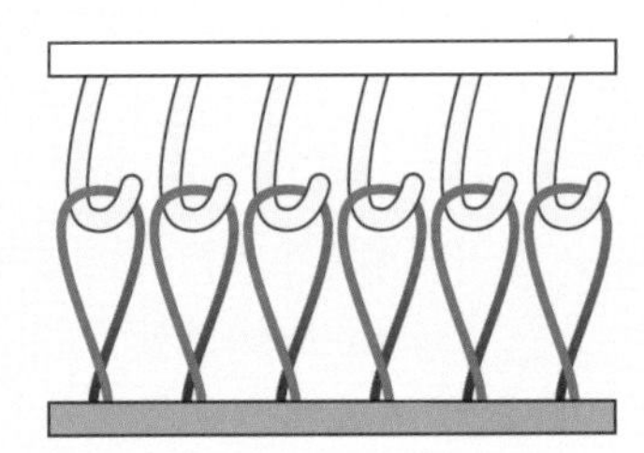

도꼬마리 열매는 야생 우엉의 열매와 마찬가지로
가시 끝이 낚싯바늘처럼 구부러져 있어.
우리가 '찍찍이'라고 말하는 벨크로는
이 원리를 이용해 만들었어

2 특징적인 무늬와 형태의 씨앗은?

씨앗의 무늬와 형태는 식물마다 다양하다. 여기에서는 무늬가 있는 씨앗과 식물의 이름이 된 씨앗의 모양에 대해 소개하겠다.

꽃이 핀 후 가을에는 작은 꽃에서 상상하기 어려울 만큼 커다란 풍선이 부풀어 오르는 식물이 있다. 이 식물이 재배되는 것은 풍선 덕분이다. 여러 개의 풍선을 매달고 서 있는 모습은 '도시 잡초의 왕'이라고 형용되기에 걸맞은 관록으로, 식물의 이름은 풍선덩굴이다.

식물의 이름은 꽃이 핀 후 만들어지는 풍선에서 유래했다. 일본어로는 '후센카즈라'라고 하는데 '카즈라'는 덩굴성 식물에 붙는다. 마찬가지로 덩굴성 식물인 게요등(헤쿠소카즈라)이나 거지덩굴(빈보카즈라)의 일본 이름에도 붙는다. 최근 그물에 둘러치는 그린커튼에 사용되기도 하는 덩굴성 식물이 바로 이것이다. 식물의 영어 이름은 '벌룬 바인(balloon vine)'이다. 벌룬은 풍선, 바인은 덩굴을 뜻한다. 그러니 영어 이름도 '풍선덩굴'이라는 뜻이다.

풍선 안에는 진짜 씨앗이 있다. 풍선 안은 세 개의 빈방으로 나뉘어 있다. 하나의 방에 각각의 구형 씨앗이 들어 있으며, 씨앗은 익으면 검게 변하고 표면에는 하트 모양의 귀여운 무늬가 있다.

큰개불알풀은 이른 봄에 지름 1cm 정도의 하늘색 꽃을 가득 피운다. 꽃은 아침에 피지만 하루 만에 시들어 버리는 하루살이꽃이므로 저녁에는 시든다. 수술의 개수는 두 개로 적으며, 개화하는 시간이 짧기에 씨앗을 만드는 데 매우 서툰 식물이다. 하지만 꽃의 시기가 끝나고 한 달 정도 지날 무렵 이 식물을 보면 꽃이 핀 자리에 열매가 맺혀 있고 안에는 씨앗이 들어 있다.

열매의 모양이 개의 '불알'과 비슷하다. 불알이라는 말을 잘 쓰진 않지만 '음낭'을 의미하며 '개불알풀'은 말 그대로 '개의 음낭'이라는 뜻이다.

풍선덩굴 씨앗의 무늬

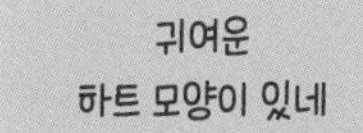

(촬영 : 카토 미야코)

풍선덩굴의 꽃과 열매

3 튤립은 왜 씨앗부터 기르지 않을까?

튤립은 구근을 재배한다. 그래서 '튤립은 왜 씨앗부터 기르지 않을까?' 하는 소박한 의문이 생겨난다. '튤립은 씨앗을 안 만드는 거겠지'라고 생각하는 사람도 있을지 모르겠다.

튤립의 씨앗을 보는 일은 드물다. 하지만 식물이 꽃을 피우는 이유는 씨앗을 만들기 위해서다. 그리고 대개 꽃이 피면 씨앗이 생긴다. 튤립도 마찬가지다. 두께감이 거의 없는 약 몇mm 길이의 씨앗을 뿌리면 싹이 트고 이내 꽃이 핀다. 하지만 튤립을 이 방법으로 재배하지 않는 것은 꽃이 피기까지 오랜 세월이 걸리기 때문이다. 시판되는 구근을 사서 가을에 심으면 이듬해 봄에는 반드시 꽃이 핀다. 이는 이듬해 봄에 꽃을 피울 구근만을 시장에 내놓기 때문이다. 튤립의 봉우리는 구근에서 형성되는데, 크고 비대한 구근 안에서만 만들어진다.

품종에 따라 다르지만, 튤립의 구근이라고 볼 수 있는 것은 탁구공보다 조금 작은 크기를 가졌다. 이 정도 크기가 되면 가을에 심을 때는 구근 안에 봉우리가 만들어져 있다.

씨앗부터 키워서 튤립 꽃을 피우려면 먼저 구근을 크게 성장시켜야 한다. 튤립은 봄에 잎을 지상에 내놓고 광합성을 하여 그렇게 만든 영양분을 구근에 비축함으로써 매년 서서히 커진다.

그런데 튤립은 여름에 이파리가 지상으로 나와도 녹색 잎은 수명이 짧아서 여름에는 시들어 버린다. 그래서 구근을 크게 성장시키는 시기는 봄부터 초여름까지의 아주 짧은 시기다. 이 시기에 광합성한 산물을 땅속 구근에 저장한다.

따라서 봉오리를 만들 정도의 커다란 구근이 되려면 세월이 걸린다. 튤립을 씨앗부터 키워서 구근 속에 봉오리를 만들기까지 걸리는 시간은 재배 기술에 따라 달라진다. 또한 씨앗이 심어져 자라는 곳의 볕의 양이나 흙의 비옥도에 따라서도 달라진다. 보통은 발아 후 5~6년 걸린다.

튤립 씨앗과 구근의 성장

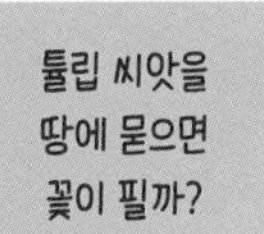

(제공 : 도야마현 화훼구근 농업협동조합)

구근은 1년마다 커진다.

4 '수정하지 않아도 씨앗이 생기는 것'은 정말인가?

'수정하지 않아도 씨앗이 생기는 식물이 있다고 들었는데요. 정말인가요?' 하는 질문을 자주 받는다.

이 방법으로 씨앗을 만드는 식물은 지극히 가까운 곳에서 볼 수 있는 서양민들레다. 만약 며칠 안에 꽃이 필 것 같은, 크게 성장하고 있는 서양민들레의 봉오리를 발견한다면 꼭 시도해 보셨으면 하는 실험이 있다.

봉오리의 윗부분을 가위로 싹둑 잘라버리는 것이다. 절반이 아니라 꽤 아래쪽에서 잘라도 이 실험은 성공한다.

서양민들레의 봉오리는 약 200개의 개화 전 꽃이 세로로 빽빽이 들어차 있다. 꽃이 피면 수많은 꽃잎이 있는 듯 보이지만, 꽃잎에 보이는 한 장이 각각 하나의 꽃이다. 아직 노란 꽃잎이 밖으로 뻗어나가지 않은 봉오리라도, 잘라 보면 안에 노란 꽃잎이 가득 찼다. 노란 꽃잎의 윗부분에서 암술이 자라기 시작하는데, 그 부분을 잘라냈으므로 꽃가루를 받아낼 암술의 끝이 없어져 버리는 것이다. 꽃가루가 붙을 곳이 없으므로 씨앗은 생기지 않는다.

그런데 약 10일이 지나면 솜털이 보송보송한 공 모양으로 바뀐다. 위쪽 절반을 잘라냈기에 탁구공처럼 크지는 않을 거라 예상했지만 실제로는 솜털과 씨앗 사이가 뻗어나가기에 손색없다. 심지어 놀랍게도 그 짧은 솜털의 기부에는 마치 아무 일도 없었다는 듯 씨앗이 확실히 붙어 있다. 위쪽을 잘라내지 않은 꽃과 마찬가지로 씨앗이 만들어진 것이다.

이렇게 생긴 씨앗은 뿌리면 발아하여 성장하고 약 3개월이 지나면 꽃이 피고 씨앗도 생긴다. 벌레가 꽃가루를 운반해 주지 않아도, 자신의 꽃가루를 묻히지 않아도, 씨앗을 만드는 것이다. 엄청난 번식력이다.

한 번도 개화하지 않은
서양민들레의 봉오리

봉오리의 절반 정도를
잘라 버리다

(촬영 : 구로키 토모미)

서양민들레가 꽃가루를 묻히지
않고 암술만으로 씨앗을 만드는
것을 '단위생식'이라고 불러

식물의 '하이브리드'란 무엇인가?

어떤 품종과 다른 품종을 교배하면 잡종의 씨앗이 생긴다. 이것을 하이브리드라고 한다. 씨앗을 뿌리면 부모 양쪽의 품종보다도 훌륭한 성질을 발현하기도 한다. 이를 '하이브리드 품종'이라고 한다.

가령 식물체가 크거나, 질병이나 환경에 대한 저항력이 강하거나, 맛있는 열매가 많이 열리는 식이다. '솔개가 매를 낳는다'는 일본 속담이 있는데, 정말로 솔개가 매를 낳지는 않는다. 하지만 식물의 세계에서는 그렇게 비유해도 이상하지 않은 현상이 일어나는 것이다.

이 성질을 이용해 하이브리드 옥수수, 즉 '하이브리드 콘'이 태어났다. 2차 세계대전 이후, 미국에서 하이브리드 콘을 재배하기 시작했는데, 순식간에 단위 면적 당 수확량이 약 3배로 늘었다. 하이브리드 품종의 특징은 부모에게서는 상상도 할 수 없는 훌륭한 형질이 발현되는 것이다. 그러나 부모의 조합에 따라 다르기에 어떤 성질이 발현될지는 예상할 수 없다.

가령 하이브리드 품종을 만들려고 할 때 아버지가 되는 품종과 어머니가 되는 품종은 많이 있다. 그러나 어떤 조합에 의해, 어떤 성질이 발현될지는 예상할 수 없다. 따라서 하이브리드 품종을 만들려는 종묘업자는, 아버지 품종과 어머니 품종을 다양하게 조합하여, 하이브리드 품종을 만들고 어떤 성질이 발현되는지를 살펴본다.

만약 훌륭한 성질이 발현되는 부모의 조합이 발견된다면 그 씨앗은 재배자에게 잘 팔릴 것이다. 우수한 성질을 지니는 하이브리드 품종을 발견하면, 비싸게 잘 팔리는 것이다. 게다가 종묘업자는 부모의 품종을 보유하고, 그 조합을 알고 있기에 매년 그 씨앗을 만들어낼 수 있다. 하이브리드 품종은 부모만 알면 해마다 씨앗을 만들 수 있는 것이다. 그래서 큰 이익을 얻을 수 있다.

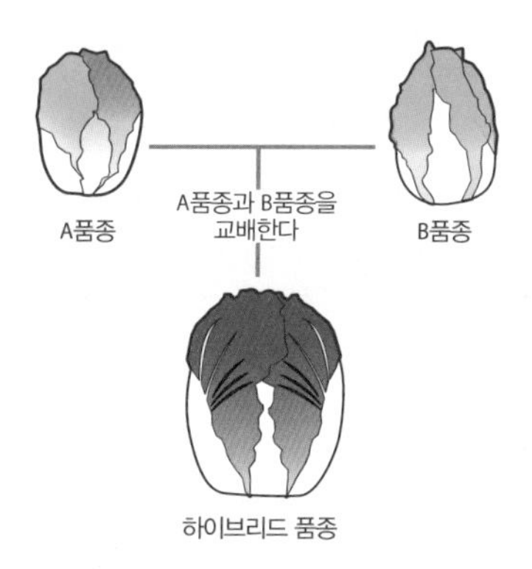
하이브리드 품종을 만드는 방법
A품종
A품종과 B품종을
교배한다
B품종
하이브리드 품종

하이브리드 품종은
부모에게서는
상상도 할 수 없는
훌륭한 형질이
발현되는구나

'하이브리드 품종'의 특징은?

하이브리드 품종은 중요한 특징을 가지고 있다. 바로 '하이브리드 품종으로서 발현하는 훌륭한 성질을 이용할 수 있는 것은, 교배해서 생긴 1대째의 씨앗에 한한다'는 것이다.

이것은 하이브리드 품종을 발견한 종묘 업자가 이익을 얻을 수 있는 중요한 특징이다. 만약 재배자가 하이브리드 품종에서 수확한 씨앗을 뿌린다 해도, 씨앗은 교배한 후 2대째가 될 것이다.

따라서 하이브리드 품종의 뛰어난 혜택을 입을 수 없다. 하이브리드 품종의 혜택을 받기 위해서 재배자는 해마다 종묘 업자로부터 하이브리드 품종의 씨앗을 사야만 한다.

'하이브리드가 아닌 품종'이라면 재배자는 수확한 씨앗을 이듬해 재배에 이용할 수 있다. 그러나 하이브리드 품종은 불가능하기 때문에 하이브리드 품종을 만들어낸 종묘업자에게 큰 이익을 가져다준다. 우수한 성질을 지닌 하이브리드 품종의 개발은 기업에게 보람 있는 일이다. 그 결과 수많은 재배 식물에서 훌륭한 성질을 발현하는 하이브리드 품종의 개발이 이루어져 왔다. 현재는 옥수수, 토마토, 가지, 오이, 무, 배추, 양배추, 브로콜리, 수박, 양파, 당근 등은 재배 품종 대부분이 하이브리드 품종이다.

꽃과 채소 등 재배 식물의 하이브리드 품종은 쉽게 살 수 있다. 원예점 등에서 파는 씨앗 봉투를 살펴보자. '○○○교배'라고 적혀 있는 것과 적혀 있지 않은 것이 있다. '○○○교배'라고 적혀 있는 것은 하이브리드 품종이다. ○○○에는 주로 만든 기업 이름이 들어간다. 가령 (주)다키이종묘라면 '다키이교배'다.

하이브리드 품종의 씨앗

(제공 : 다이키종묘)

(제공 : 다이키종묘)

일본에서는 '교배'라고 적혀 있으면 하이브리드 품종의 씨앗이고, '육성'이라고 적혀 있으면 하이브리드 씨앗이 아니다.

7 옥수수는 텃밭에서 기르면 왜 이가 빠질까?

시판되는 옥수수는 열매가 빽빽하게 차 있다. 그런데 텃밭에서 재배하면 이 빠진 옥수수가 열린다. 왜 그럴까?

옥수수는 같은 그루에 수꽃과 암꽃을 따로 피우는 식물이다. 이를 자웅동주라고 한다. 그루 끝에 있는 것이 수꽃이다. 옥수수 열매가 맺혀 있는 것을 보면 옥수수는 포기의 중간 즈음에 열린다. 즉, 암꽃은 그루의 끝이 아니라 더 아래 핀다는 말이다.

암꽃과 수꽃이 이렇게 떨어져 있으면, 자신의 꽃가루를 암술에 묻혀서 열매를 맺는 성질을 지닌다 해도, 모든 암술이 수분을 하기는 어렵다. 게다가 옥수수는 수꽃이 먼저 피고 암꽃이 나중에 피기에, 수꽃과 암꽃이 피는 시기를 다르게 하여 자신의 꽃가루가 자신에게 묻지 않게 한다.

따라서 텃밭처럼 옥수수를 몇 그루만 재배하면 꽃가루를 주고받기가 어렵다. 즉, 암꽃의 암술이 수술의 꽃가루를 받을 확률이 매우 떨어진다.

암꽃과 수꽃이 서로 나뉘어 있는 데다, 수꽃이 암꽃보다 먼저 피어 서로 꽃 피는 시기를 달리한다. 그래서 같은 텃밭 안에서 꽃가루를 주고받는 것은 어렵다. 심지어 옥수수는 열매에 수염처럼 가는 털이 잔뜩 붙어 있다. 그 한 올 한 올이 암술이고, 그 털 밑에 한 알의 열매가 맺힌다.

그러므로 꽃가루가 적으면 그 수염 같은 암술이 모두 꽃가루를 받기 어렵다. 옥수수밭처럼 수십 그루, 수백 그루가 심겨 있으면 한 그루 한 그루가 수꽃, 암꽃이 피는 시기를 달리하더라도 옥수수밭 안에서는 그루에 따라 꽃이 피는 시기의 차이가 있다. 그러므로 암꽃의 암술에는 어떤 그루에서든 날아온 꽃가루가 붙게 된다.

따라서 모든 암술이 수분하여 수정할 수 있고 열매가 열린다. 그 결과 옥수수는 '이빨이 빠지지 않고' 열매가 빽빽이 들어차게 되는 것이다.

옥수수 암꽃과 수꽃

열매를 맺은 옥수수의 털 개수와 알갱이의 개수는 동일하다. 열매에 붙어 있는 수염 같은 가는 털이 암술이기 때문이다.

8

나팔꽃 씨는 왜 껍질이 딱딱할까?

나팔꽃 씨앗은 단단하고 두꺼운 껍질에 싸여 있다. 우리는 빨리 발아시키기 위해 단단하고 두꺼운 껍질에 일부러 상처를 내야 한다. 그래서 '껍질이 단단하고 두꺼우면 발아하기 어렵잖아?'하고 생각하기 쉽다. '씨앗이 단단하고 두꺼운 껍질로 싸여 있는 것은 나팔꽃에 어떤 득이 되나?' 하는 질문이다.

씨앗이 발아하기 어려운 것은 재배하는 인간에게 불리한 조건이다. 그러나 나팔꽃 입장에서는 중요한 일이다. 씨앗의 소중한 역할 중 하나는 열악한 환경을 참고 견디는 것이다. 나팔꽃 씨앗과 같이 단단하고 두꺼운 껍질은 더위와 추위를 이겨내는 데 도움이 된다. 그뿐 아니라 단단하고 두꺼운 껍질은 심한 건조를 견뎌내는 데 도움이 된다.

씨앗의 또 다른 중요한 역할은 서식하는 장소를 바꾸거나 서식지를 넓히는 일이다. 그러기 위해서는 동물에게 먹혀도 위나 장 속에서 소화되지 않고 변과 함께 배설되어야 한다. 단단하고 두꺼운 껍질은 소화가 잘되지 않는다는 점에서 도움이 된다.

껍질이 단단하고 두꺼운 것은, 씨앗이 발아하는 '때'와 '장소'를 선택하기 위해서도 중요하다. 씨앗이 발아하기 위해서는, 단단하고 두꺼운 껍질을 부드럽게 하기 위해 많은 물이 필요하다. 그만큼 충분한 양의 물이 있는 '때'와 '장소'라면, 발아한 후에 뿌리를 뻗을 때까지도 물이 충분하다. 씨앗은 물이 부족해지는 것을 걱정하지 않고 발아할 수 있다. 또한 단단하고 두꺼운 껍질이 손상되거나 미생물로 분해되어, 물이나 공기가 씨앗 안으로 들어가면 발아 준비가 시작된다. 그러므로 같은 해, 같은 그루에 생긴 씨앗이라도 어떤 장소로 이동하느냐에 따라 발아하는 시기가 달라진다. 같은 해, 같은 그루에 생긴 씨앗이 일제히 발아한 후에 더위와 추위, 건조가 찾아온다면 전멸할 위험이 있다. 그렇기 때문에 몇 년에 걸쳐 여러 장소에 뿔뿔이 흩어져 발아하는 것은, 이러한 위험을 피하는 데도 도움이 된다.

씨앗에는 다음 세대로, 생명을 이어간다는 중요한 역할이 있다. 그러기 위해서 각 종류의 식물은 씨앗에 대해 골똘히 생각한다. 나팔꽃 씨앗이 단단하고 두꺼운 것은, 그런 생각을 통한 지혜 중 하나다.

'딱딱한 씨앗'으로 잘 알려진 메꽃과 나팔꽃의 씨앗

메꽃(왼쪽)과 나팔꽃(오른쪽)의 씨앗 (촬영 : 카토 미야코)

9 대두와 완두콩의 싹은 왜 구별할 수 있는가?

대두와 완두콩을 섞어서 밭의 흙 속에 묻는다. 잘 섞여 있어도 발아한 싹을 보면 어느 콩의 싹인지 금세 알 수 있다. 왜일까?

눈치채기는 약간 어렵지만, 콩이 발아하여 싹을 틔운 줄기가 지상으로 뻗어 나오는 식물에는 두 가지 유형이 있다. 그리고 그것을 식별하기는 쉽다.

첫 번째 유형은 묻힌 씨앗 속에 숨어 있던 잎사귀가 종피를 뒤집어쓴 채 지상에 모습을 드러내는 것이다. 대두와 강낭콩 등이 대표적이다.

대두를 땅속에 묻으면 발아했을 때 콩 부분이 지상으로 나온다. 종피를 쓰고 있기 때문에 묻었던 콩이 나온다는 사실은 쉽게 알 수 있다. 콩나물을 봐도, 콩이 싹 끝이 되어 자란다는 것은 금세 이해할 수 있다. 나팔꽃이나 녹두도 이 유형이며, 싹의 끝이 검은 종피를 쓰고 있는 경우도 있다.

반면, 두 번째 유형은 묻은 콩은 땅속에 머물고 콩에서 자라난 싹만 지상부로 올라온다. 완두콩과 팥 등이 대표적이다. 완두콩을 땅속에 심으면 발아했을 때 콩 부분은 절대 지상으로 나오지 않는다. 콩 부분은 흙 속에 남는다. 심은 콩에서 뻗어 나온 싹이 지상부로 나오는 것이다. 그래서 이 식물의 콩을 지상에서 볼 수 없다. 종피를 쓴 싹이 땅 위로 나오는 일은 절대로 없다.

그러므로 대두와 완두콩을 비슷한 색깔과 모양으로만 골라 잘 섞어서 밭의 흙 속에 묻는다 해도 발아한 싹을 보면 금세 어떤 콩의 싹인지 알 수 있다.

심은 콩이 지상부로 나오는 것은 대두다. 심은 콩이 지상부로 나오지 않는 것은 완두콩이다.

대두와 완두콩의 발아 모습

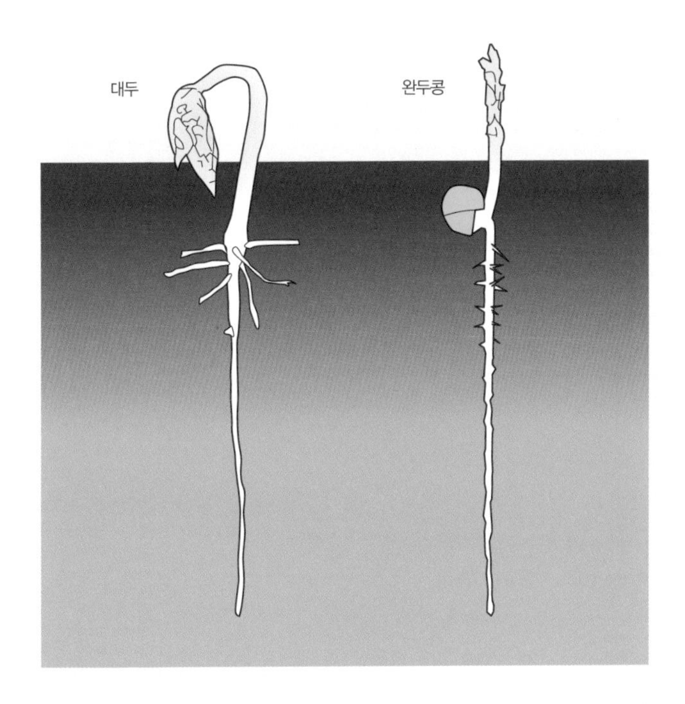

주요 참고 도서

田口亮平. (1964). 『植物生理学大要』. 養賢堂

滝本 敦. (1973). 『ひかりと植物』. 大日本図書

ストラフォード, 柴田萬年. (1975). 『植物生理要論』. 共立出版

A.C.Leopold, P.E.Kriedemann. (1975). 『Plant Growth and Development』. McGraw-Hill Book Company

P.J.Downs, H.Hellmers, 小西通夫. (1978). 『環境と植物の生長制御』. 学会出版センター

P.F.Wareing, I.D.J.Phillips, 古谷雅樹. (1983). 『植物の成長と分化』. 学会出版センター

増田芳雄. (1988). 『植物生理学』. 培風舘

古谷雅樹. (1990). 『植物的生命像』. 講談社

柴岡弘郎 編集. (1990). 『生長と分化』. 朝倉書店

宮地重遠 編集. (1992). 『光合成』. 朝倉書店

A.W.Galston. (1994). 『Life processes of plants』. Scientific American library

田中 修. (1998). 『緑のつぶやき』. 青山社

デービッド・アッテンボロー, 門田裕一, 手塚, 小堀民惠. (1998). 『植物の私生活』. 山と渓谷社

田中 修. (2000). 『つぼみたちの生涯』. 中央公論新社

古谷雅樹. (2002). 『植物は何を見ているか』. 岩波書店

田中 修. (2003). 『ふしぎの植物学』. 中央公論新社

田中 修. (2005). 『クイズ植物入門』. 講談社

田中 修. (2007). 『入門たのしい植物学』. 講談社

田中 修. (2007). 『雑草のはなし』. 中央公論新社

田中修著. (2008). 『葉っぱのふしぎ』. ソフトバンククリエイティブ

田中 修 著. (2009). 『都会の花と木』. 中央公論新社

田中修著. (2009). 『花のふしぎ100』. ソフトバンククリエイティブ

하루 한 권, 씨앗

초판인쇄 2023년 04월 28일
초판발행 2023년 04월 28일

지은이 다나카 오사무
옮긴이 박제이
발행인 채종준

출판총괄 박능원
국제업무 채보라
책임편집 조지원 · 이루오
디자인 홍은표
마케팅 문선영 · 전예리
전자책 정담자리

브랜드 드루
주소 경기도 파주시 회동길 230 (문발동)
투고문의 ksibook13@kstudy.com

발행처 한국학술정보(주)
출판신고 2003년 9월 25일 제406-2003-000012호
인쇄 북토리

ISBN 979-11-6983-179-6 04400
979-11-6983-178-9 (세트)

드루는 한국학술정보(주)의 지식 · 교양도서 출판 브랜드입니다.
세상의 모든 지식을 두루두루 모아 독자에게 내보인다는 뜻을 담았습니다.
지적인 호기심을 해결하고 생각에 깊이를 더할 수 있도록, 보다 가치 있는 책을 만들고자 합니다.